AF316098

L'ARITHMÉTIQUE

DU

GRAND-PAPA

HISTOIRE

DE

DEUX PETITS MARCHANDS DE POMMES

PAR

JEAN MACÉ

Auteur de l'*Histoire d'une Bouchée de pain*, des *Contes*
et du *Théâtre du Petit-Château*

Quatorzième édition

BIBLIOTHÈQUE

D'ÉDUCATION ET DE RÉCRÉATION

J. HETZEL ET C\^{ie}, 18, RUE JACOB

PARIS

L'ARITHMÉTIQUE

DU

GRAND-PAPA

1349. — Paris. Imp. Laloux fils et Guillot, 7, rue des Canettes.

L'ARITHMÉTIQUE

DU

GRAND-PAPA

HISTOIRE

DE DEUX PETITS MARCHANDS DE POMMES

PAR

JEAN MACÉ

QUATORZIEME ÉDITION

PARIS

COLLECTION HETZEL

J. HETZEL ET Cᵉ, LIBRAIRES-ÉDITEURS

18, RUE JACOB, 18

Tous droits de traduction et de reproduction réservés.

AVERTISSEMENT

DE L'ÉDITEUR

En lisant le conte qui va suivre de l'auteur de
l'*Histoire d'une bouchée de pain*, ma pensée
s'est reportée involontairement sur la préface
d'un livre récemment publié, *La Terre avant
le déluge*. Cette préface contient une attaque
à fond de train contre les fées, contre la
fable, contre la mythologie, contre Perrault,
contre La Fontaine, contre tout ce qui ne ressemble pas aux livres spéciaux que publie
M. Figuier ; en quoi, pour le dire en passant,

1

l'attaque de M. Figuier est plus naïve qu'il ne pense. Ma lecture de *L'Arithmétique du Grand-Papa* achevée, je n'ai pu m'empêcher de sourire en trouvant dans ce petit livre de M. Jean Macé une réponse toute faite, et faite de main de maître, à la thèse paradoxale que l'auteur de *La Terre avant le Déluge* a soutenue en tête de son livre. La science et l'imagination, la science et les fées, ne sont donc pas incompatibles, me suis-je dit, et M. Figuier aurait donc eu tort de vouloir nous le persuader. Les fées, qui n'ont servi jusqu'à ce jour qu'à faire ouvrir tout grands les beaux yeux des petits enfants, qu'à rendre la morale plus aimable, la leçon plus facile et plus claire, ce qui est déjà quelque chose, les fées pourraient donc servir même à la science dont M. Figuier prétend qu'elles sont les ennemies naturelles; car enfin le livre que je tiens, c'est bien un conte des fées, et c'est bien aussi un cours d'arithmétique. C'est de la science et c'est de l'imagination; c'est de la féerie et c'est de la réalité; c'est de la très-bonne littérature enfin, et c'est de la méthode très-exacte. Or, je ne vois pas que le secours mutuel que se prêtent ici l'esprit et la science, fasse et puisse faire aucun tort à celle-ci.

D'où donc est venue à M. Figuier cette grande colère contre l'imagination? Si quelque fée bienveillante, je devrais dire *malfaisante,* pour abonder avec M. Figuier, lui donnait un beau matin le charmant génie de Perrault, qui n'a fait que les *Contes de Perrault,* est-ce que M. Figuier, quoique savant par état et par caractère, n'en serait pas bien aise au fond? Est-ce que, augmenté de ce don, qu'il maudit si ingénument dans les autres, il se priverait de cette ressource d'être un homme de beaucoup d'imagination et de talent, en même temps qu'il est un très-habile vulgarisateur de la science dans ce qu'elle a de plus indécis? Serait-il désolé d'avoir fait le *Petit Chaperon-Rouge,* en un mot, s'il l'avait su faire? et l'eût-il brûlé comme un péché, ce chef-d'œuvre de six pages, s'il eût été le sien?

Je me suis répondu, en faveur de M. Figuier, qu'il aurait eu bien trop de bon sens pour répudier cette force de plus, don du ciel et non de l'étude, et que vraisemblablement, associant ce don nouveau à tous les dons précieux qu'il a déjà, il nous eût fait, à l'occasion, non pas les Contes de Perrault, — Perrault n'est qu'un homme de génie dans son petit genre, — mais les Contes de M. Figuier, touché par les fées, touché par leur grâce, et néanmoins resté savant, c'est-à-dire quelque chose qui eût donné droit de science à la féerie et droit de féerie à la science, laquelle doit bien avoir dans quelque coin de son histoire ses petites fables, sa féerie et sa mythologie, elle aussi [1].

1. Que pense M. Figuier des tableaux qu'il a mis dans

Ce qu'eût pu réaliser M. Figuier, ainsi complété, je le trouve tout fait dans cette *Histoire de deux petits marchands de pommes* de M. Jean Macé, et je m'en fais une preuve, sinon pour convertir M. Figuier, qui s'est mis dans le cas de ne pouvoir plus être converti, au moins pour rassurer les amis du Petit Poucet, que l'auteur de *La Terre avant le déluge* avait peut-être alarmés, et que M. Macé avec ses pommes, ses fées et ses quatre règles va, sans s'en douter, tirer là d'un mauvais pas.

Il peut ressortir une conclusion quasi sérieuse de ce petit débat, qui n'est gros ni du côté de M. Figuier ni du nôtre. C'est que les gens d'imagination, les gens d'esprit ont tort de négliger de devenir des savants, ce qui leur serait aussi facile qu'à d'autres; et que, réciproquement, les

son livre, et que pensent de leur côté les savants spéciaux de son explication du déluge par le soulèvement du Caucase?

savants ne devraient pas avoir si grand peur de se montrer gens d'esprit. Oui, les gens de science, à qui l'esprit n'a jamais été défendu, Bacon, Fontenelle, Arago et d'autres l'ont prouvé, les gens de science devraient faire moins fi de l'esprit[1]. S'armer en guerre contre l'esprit, c'est presque donner à croire qu'on en manque. Qu'ils feraient bien mieux, dans l'intérêt même de leur savoir, de se servir au contraire de l'esprit qu'ils ont et qu'ils cachent, j'en suis convaincu. Quel mal cela leur ferait-il, si leur science était plus aimable? Un peu de lumière, quelques étoiles

[1]. Perrault était savant, lui aussi, il est bon de le dire. S'il n'est aujourd'hui que l'auteur de ses Contes immortels, il fut de son vivant membre de l'Académie française et membre de l'Académie des inscriptions. Il fut en outre l'un des principaux fondateurs de l'Académie des sciences. C'est lui qui en a proposé et donné les règlements à Colbert.

dans un ciel un peu trop profond, cela fait si bien! Tout le monde n'aime pas la science à l'état brut; le diamant n'a jamais renié les services du lapidaire. Il serait temps que gens d'imagination et gens de science, mêlant leurs richesses, en vinssent à se dire ce que les plus simples comprennent : c'est qu'abondance de biens ne nuit pas, c'est que l'union fait la force, c'est que l'esprit et la science vivront au mieux ensemble, et se rendront de mutuels services quand les savants parviendront à associer à leur science sinon tout leur esprit, au moins un peu de celui qu'il leur déplaît de voir aux autres.

M. Macé vient de donner deux bons exemples dans son *Histoire d'une bouchée de pain,* dans son *Arithmétique du Grand-Papa.* Il ne dédaigne pas les formes aimées du jeune âge. Nous espérons que cet exemple sera suivi, et que les mères, en tout cas, comprendront que ceux qui leur conseillent de traiter leurs malheureux petits enfants en hommes dès leur première culotte, les traitent elles-mêmes en très-petits enfants.

L'éditeur des *Contes de Perrault*
et de beaucoup d'autres contes.

J. H.

PRÉFACE.

Il y a longtemps que j'enseigne l'arithmétique
à de grandes demoiselles qui l'ont apprise déjà,
et à chaque fois que je recommence avec une
génération nouvelle, le même chagrin s'empare
de moi. Je m'aperçois que la plupart ne comprennent pas ce qu'elles ont appris, et qu'elles
appliquent les règles sans pouvoir les expliquer.

Quand on se reporte à ces tribus sauvages de
l'Australie, où l'on ne sait compter, dit-on, que
jusqu'à trois, rien ne paraît admirable comme

1.

les procédés élémentaires de l'arithmétique. Il y a là une puissance d'invention, une simplicité, une sûreté de marche qui force les esprits les plus fiers à s'incliner devant l'inconnu qui a trouvé cela. Celui-là, certes, fut un génie que peu ont égalé dans toute la série des siècles écoulés après lui, et il alluma au milieu des hommes une lumière qui éclaira pour eux des sentiers nouveaux.

Une lumière devrait s'allumer aussi chez l'enfant quand l'arithmétique lui est révélée. Loin de là, on dirait presque qu'un trou noir se creuse alors en lui, et que sa raison naissante s'engourdit à cette étude, au lieu d'en recevoir une impulsion. Il y apprend à réciter par cœur des formules qui ne disent rien à son intelligence, et à exécuter machinalement des opérations dont il ne se rend pas compte, habitude funeste qu'il emporte ensuite dans la vie et dont il ne lui est pas toujours facile de se défaire.

Cela tient à un vice radical de méthode dans le premier enseignement.

« Toute la suite des hommes, dit Pascal, pendant le cours de tant de siècles, doit être considérée comme un même homme qui subsiste toujours et qui apprend continuellement. »

Cette longue éducation de l'humanité, dont le point de départ est si loin de nous, elle recommence en chaque petit enfant. L'enfant a cet avantage, il est vrai, que, servi par la tradition qui lui donne en bloc le trésor de découvertes péniblement amassé par les ancêtres dans toute la suite des âges, il franchit par enjambées gigantesques le chemin le long duquel ils se sont péniblement traînés. Mais il ne faut pas croire pour cela qu'on puisse le faire entrer en possession de son héritage sans suivre l'ordre dans lequel cet héritage s'est formé. Si rapide que soit sa course, il convient que l'enfant passe par la même route que l'humanité, et l'on doit respecter dans l'individu, si l'on veut faire besogne qui vaille, la loi qui a présidé à l'éducation de l'espèce.

Or, nous savons de reste, sans que personne nous l'ait appris, que le premier calculateur n'a pas débuté par les règles abstraites qu'on trouve dans les livres d'école. Il est assez évident qu'il a dû se trouver d'abord en présence de problèmes pratiques, dont il n'a pu se tirer qu'en tendant tous les ressorts de son intelligence pour créer la règle, et qu'il n'a pas fait de l'art pour l'art. Faire débuter l'enfant par la règle abstraite, et lui poser ensuite les problèmes à résoudre, c'est aller au rebours de la marche de l'esprit humain, qui en est chez lui au point où il en était dans l'enfance de l'espèce.

Aussi, qu'arrive-t-il? C'est que son intelligence, ainsi brusquée, se refuse à l'abstraction qui se présente avant l'heure, et que sa mémoire seule entre en jeu pour se charger douloureusement de mots et de pratiques dont le sens lui échappe.

La vraie méthode est donc ici de le replacer dans les conditions du commencement, et de le faire assister en quelque sorte à la création de l'arithmétique. C'est ce que j'ai voulu essayer dans ce conte des *Deux petits marchands de pommes,* où je me suis peu inquiété des licences du récit, qui n'embarrassent pas les enfants. Si l'essai n'est pas suffisamment réussi, j'espère qu'il se trouvera quelqu'un pour le recommencer, car c'est par là, sans le moindre doute, qu'il faut conduire les enfants à l'arithmétique. Vienne ensuite le livre d'école et l'abstraction pure : elle fera son entrée utilement par une ranchée déjà ouverte, au lieu d'arriver en ennemie, s'efforçant de battre en brèche un pauvre petit cerveau fermé.

Ce livre-ci est donc un livre de préparation, un livre de famille, et je le dédie à toutes les mères qui ont eu le cœur gros en voyant leur enfant ouvrir, pour la première fois, la formidable Arithmétique qu'elles se rappelaient peut-être n'avoir jamais elles-mêmes tout à fait comprise.

JEAN MACÉ.

Beblenheim, 15 décembre 1862.

L'ARRIVÉE DU GRAND-PAPA.

— Qu'avez-vous donc, mes chers petits-enfants, et pourquoi faites-vous une si vilaine mine? Est-ce qu'on vous a grondés?

— Oh! grand-papa, nous avons à faire des additions; c'est bien ennuyeux!

— Bien ennuyeux! Mais pas du tout, c'est très-gentil, l'addition. Voyons, toi, gros joufflu, dis-moi un peu ce que c'est que l'addition.

— L'addition est une opération par laquelle... par laquelle...

— Eh bien! une opération par laquelle?...

— Tiens, grand-papa, voilà comme ça se fait. (*Très-vite.*) On écrit les nombres les uns au-dessous des autres, les unités sous les unités, les dizaines sous les dizaines, les centaines sous les centaines...

— Ta, ta, ta, ta. Comme nous défilons notre chapelet! Et puis, après?

— Après, on additionne. Ce n'est pas amusant du tout.

— Celui qui a inventé l'arithmétique n'a pas eu là une belle idée!

— Voyez-vous cela! Eh bien! c'est ce qui vous trompe, mademoiselle; il a eu une très-belle idée, et si l'on me promettait d'être bien sage, je vous raconterais là-dessus une histoire qui vous ferait peut-être bien changer d'avis.

— Une histoire sur l'arithmétique! Est-ce qu'il y en a?

— Il y a celle-là, sans compter toutes celles

qu'on pourrait vous raconter, si l'on voulait.

— Et comment l'appelles-tu, ton histoire?

— C'est l'*Histoire de deux petits marchands de pommes*; et vous y verrez comme ils étaient contents quand on leur a montré l'arithmétique.

— Oh! grand-papa, quel dommage que nous ne puissions pas l'écouter! Nous n'aurions plus le temps de faire nos additions avant que le maître vienne.

— Laissez là vos additions, pauvres petits. C'est moi qui suis votre maître aujourd'hui. Faites bien attention; je vais commencer.

HISTOIRE

DE

DEUX PETITS MARCHANDS

DE POMMES

CHAPITRE PREMIER.

LA NUMÉRATION.

Il y avait une fois deux petits garçons qui étaient marchands de pommes. Leur marraine, qui était fée, leur avait donné un grand verger tout rempli de pommiers, les plus admirables qu'on ait jamais vus. Ils produisaient des pommes toute l'année, et toutes leurs pommes étaient exactement semblables. Ce n'était pas comme les pommes du marché, dont les unes sont grosses, les autres petites, ce qui fait que les paysans mettent les plus belles sur le dessus du panier pour attirer les acheteurs. Celles-là étaient si complétement égales entre elles qu'il n'y avait pas à choisir. Il suffisait de prendre dans le tas.

Aussi je vous laisse à penser si mes petits garçons avaient de la facilité pour les vendre. Tous les enfants du voisinage couraient à leurs mamans quand on voyait arriver les marchands de pommes, et les achats étaient bientôt faits : on pouvait mettre la main de confiance dans le panier.

Les deux petits garçons gagnaient donc leur vie le plus agréablement du monde, et ils auraient été parfaitement heureux s'il n'y avait pas eu entre eux un sujet continuel de disputes.

L'aîné, qui était un gros petit bonhomme, avec un œil vif et hardi, des joues rouges, des mains larges et crochues, comme on en donnait dans le temps aux vieux Normands, l'aîné n'avait pas de plus grand bonheur que de mettre toutes les pommes en un gros tas. Partout où il en voyait, il sautait dessus, et courait les porter au tas. Il ne se sentait riche qu'en voyant toutes ses richesses réunies en un seul monceau. Son frère, à cause de cela, l'avait appelé Ramasse-Tout.

Le cadet, mince, pâle, à la mine défiante et rusée, avait de grands doigts déliés et fluets, et sa petite figure s'allongeait déjà en lame de couteau. Celui-là craignait toujours les accidents, et n'avait de repos qu'en sachant son bien éparpillé de tous côtés. Comme cela, il se croyait sûr d'en retrouver toujours quelque chose. Sitôt que son frère avait le dos tourné, il se glissait du côté du tas, y plongeait ses mains qu'il ra-

menait pleines de pommes, et allait cacher son
butin dans toutes sortes de cachettes à lui con-
nues, entre lesquelles il partageait la fortune de
la maison. Il avait gagné à ce jeu-là le vilain
nom de Partageur que le pauvre Ramasse-Tout
lui avait donné, dans un moment de colère, un
jour qu'en revenant de vendre ses pommes il
n'avait plus rien trouvé d'un magnifique tas, fait
le matin.

Il faut vous dire que dans ce temps-là on
n'avait pas encore inventé l'arithmétique, et les
deux frères naturellement n'en savaient pas le
premier mot.

Ils savaient compter sur leurs doigts jusqu'à
dix; mais, passé dix, ils n'y voyaient plus que
du feu. C'était là aussi ce qui rendait leurs disputes si acharnées. Quand Ramasse-Tout avait
vidé toutes les cachettes du cadet pour faire un
beau tas, celui-ci prétendait toujours que le
compte n'y était plus. Quand Partageur avait

démoli le grand tas pour en faire de petits, l'aîné jurait ses grands dieux que l'autre en avait laissé tomber en route, et aucun des deux ne pouvait venir à bout de compter les pommes, ni du grand tas, ni des petits, car ils y perdaient la tête.

Heureusement pour eux, ils eurent un soir la visite de leur sœur Pinchinette, qui vivait avec la bonne fée, leur marraine, et qui avait l'air elle-même d'une petite fée, tant elle était mignonne et gracieuse, et faite à ravir des pieds à la tête. Pinchinette n'avait pas de pommes à vendre, n'ayant pas reçu de verger; mais, en revanche, la fée lui avait donné tant d'esprit qu'en toute circonstance elle devinait du premier coup ce qu'il y avait à faire, si difficile que la chose pût paraître aux gens.

Elle trouva, en arrivant, Partageur et Ramasse-Tout se chamaillant de tout leur cœur devant un tas de pommes qui remplissait à moitié la chambre.

— Je te dis qu'il en manque, disait le premier. J'en avais bien plus que cela dans les miens.

— Je te dis que tout y est, disait l'autre. Va voir toi-même s'il en reste quelque part.

Et la dispute allait son train sans pouvoir finir, chacun répétant toujours la même chose.

— Il est bien facile de vous mettre d'accord, s'écria Pinchinette. Il n'y a qu'à compter les pommes.

— C'est que nous ne les avions pas comptées auparavant, dit le cadet.

— C'est que nous ne savons compter que jusqu'à dix, dit l'aîné.

— Vous ne savez compter que jusqu'à dix ! Eh bien ! il y a encore un moyen de s'en tirer. Je vais vous montrer à compter toutes vos pommes, sans dépasser dix.

— Ah ! ma petite Pinchinette, que tu seras donc gentille ! fit le gros rougeaud en sautant de joie et embrassant sa sœur sur les deux joues.

— Et comment pourras-tu t'y prendre? fit le pâlot en la regardant d'un air de doute.

— Ce n'est pas bien malin. Allez me chercher des petits sacs, des boîtes, et vos grands paniers.

J'avais oublié de vous apprendre que leur papa, qui était mort, avait été jardinier, et que leur maman, qui était morte aussi, allait de son vivant dans la campagne vendre aux paysannes des rubans, des lacets, du fil et toute espèce de merceries. En conséquence, il ne manquait pas dans la maison de petits sacs à serrer les graines, et il s'y trouvait toute une armée de belles boîtes carrées où l'on pouvait mettre tout ce qu'on voulait. Quant aux paniers, ils en avaient fait faire exprès pour eux une demi-douzaine d'énormes qu'on mettait sur l'âne à tour de rôle, un de chaque côté, et qu'on remplissait ensuite de pommes, tant qu'il pouvait en tenir.

Quand tout fut apporté :

— Prends un des sacs, dit Pinchinette à Ramasse-Tout, et, quand tu auras compté dix pommes, mets-les dans le sac, que tu fermeras bien solidement.

Ce ne fut pas long.

— Maintenant, passe le sac à ton frère. Prends-en un autre, et continue toujours comme cela, tant qu'il y aura des pommes.

— S'il n'y a que cela à faire, j'en viendrai bien à bout, s'écria l'aîné tout joyeux.

Et il se mit à remplir les sacs du plus vite qu'il put. Une, deux, trois, quatre, cinq, six, sept, huit, neuf, dix : cela marchait comme sur des roulettes.

Bientôt le cadet eut dix sacs entre les mains.

— Mets tes dix sacs dans une des boîtes, lui dit sa sœur; donne-moi-la, et fais toujours de même dès que tu auras dix sacs à la fois.

Quand Pinchinette eut à son tour dix boîtes, elle les rangea bien soigneusement dans un des paniers ; et ils allaient ainsi gaillardement, l'aîné passant les sacs, le cadet les boîtes, et la sœur mettant les boîtes, par dix, dans les paniers, quand tout à coup Ramasse-Tout s'écria :

— Je ne peux plus faire de sacs ; il ne reste que six pommes.

— Et moi, dit Partageur, je ne peux plus remplir de boîtes ; je n'ai que trois sacs.

— Et moi, dit Pinchinette, je n'ai que sept boîtes ; c'est fini pour les paniers. J'en ai rempli cinq. L'affaire est faite : comptons maintenant.

Elle aligna sur une file d'abord les pommes, puis les sacs, puis les boîtes, puis les paniers.

La spirituelle petite fille était radieuse ; mais les garçons ne comprenaient pas bien où elle voulait en venir, et la regardaient d'un air ébahi.

— Voyez-vous, dit-elle, ce que nous avons fait? Chaque sac contient dix pommes, chaque boîte dix sacs, et chaque panier dix boîtes. A présent, vous pouvez compter tranquillement ce que vous aviez de pommes dans votre tas, sans

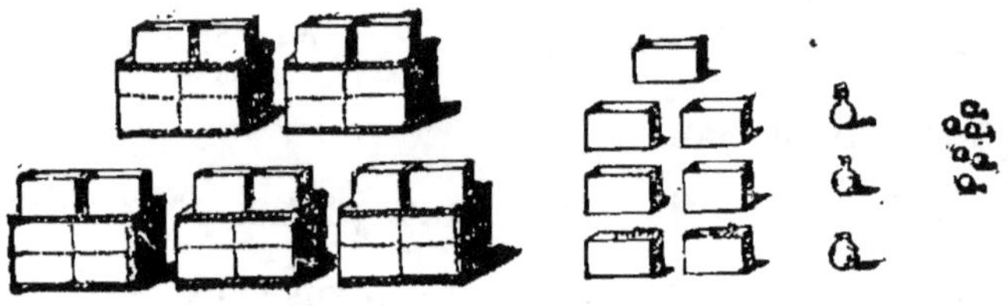

aller plus loin que dix. Vous aviez d'abord six pommes : les voilà! puis trois sacs dont chacun vaut dix pommes; puis sept boîtes dont chacune vaut dix sacs, et enfin cinq paniers dont chacun vaut dix boîtes. Rien ne vous sera plus facile à présent que de retrouver votre compte, quand vous en aurez envie.

Ramasse-Tout ne se possédait pas de joie, mais Partageur n'était pas encore satisfait.

— Et si nous avions eu dix paniers? dit-il avec un petit ton moqueur.

— On les aurait mis dans une voiture.

— Et si nous avions eu dix voitures?

—- On les aurait mises dans un grand bateau.

— Et si nous avions eu dix grands bateaux?

— Tu m'ennuies. Il se passera du temps, mon pauvre garçon, avant que tu aies besoin de dix grands bateaux pour mettre tes pommes.

Le petit chicaneur ne se tenait pas pour battu.

— Et si nous avions eu à compter des chevaux? reprit-il. Nous n'aurions pourtant pas pu mettre dix chevaux dans un petit sac, dix sacs dans une boîte, et dix boîtes dans un panier?

— Tu as raison. Il faudrait trouver un moyen de compter n'importe quoi de la même façon que nous venons de compter des pommes. Attendez, il me vient une idée :

— Les six pommes que voilà, c'est six fois *une* pomme ; appelons-les : six *unités*.

Nos trois sacs contiennent chacun dix pommes ; appelons-les : trois *dizaines*.

Dix dizaines, appelons cela : une *centaine*. Nos sept boîtes deviendront sept centaines.

Appelons dix centaines : un *mille*. Nos cinq paniers feront cinq mille.

Nous aurons donc alors cinq mille, sept centaines, trois dizaines et six unités qui représenteront toujours le même nombre, que ce soit des pommes, des chevaux, des chiens, des chats, tout ce que vous voudrez.

Cette fois, Partageur fut obligé de s'avouer vaincu.

— C'est vrai, dit-il ; de cette façon-là on peut compter tout. Merci, Pinchinette, tu viens de nous apprendre quelque chose de bien utile.

— Ma petite Pinchinette, reprit alors Ramasse-Tout, je suis bien content de voir d'ur coup d'œil combien nous avions de pommes à la maison. Mais je me connais : sitôt que je ne verrai plus les sacs, les boîtes et les paniers, j'aurai oublié tout de suite ce qu'il y en avait. Est-ce que tu ne pourrais pas, toi qui as tant d'esprit, imaginer une manière de nous rappeler toujours les comptes que nous avons faits?

— Si l'on faisait des marques sur un papier? lui dit le cadet.

— Il en faudrait bien trop! Pense un peu à toutes les quantités différentes qu'on peut avoir.

— Tranquillisez-vous, fit Pinchinette. Je vais vous tirer d'embarras, si vous voulez bien m'écouter.

Prenant alors un morceau de charbon, elle traça sur le plancher les neuf chiffres que nous connaissons, et qui nous viennent d'elle :

1, 2, 3, 4, 5, 6, 7, 8, 9.

— Si à la fin, dit-elle, il vous reste une

pomme, vous mettrez au-dessous le premier chiffre. S'il vous en reste deux, vous mettrez le second, et ainsi de suite jusqu'à neuf. Il en reste six cette fois : mettez le sixième chiffre. Le voilà : 6. Au-dessous des trois sacs, mettez le troisième chiffre : 3. Au-dessous des sept boîtes, mettez le septième : 7; et au-dessous des cinq paniers, mettez le cinquième : 5.

Cela vous fait : 5736.

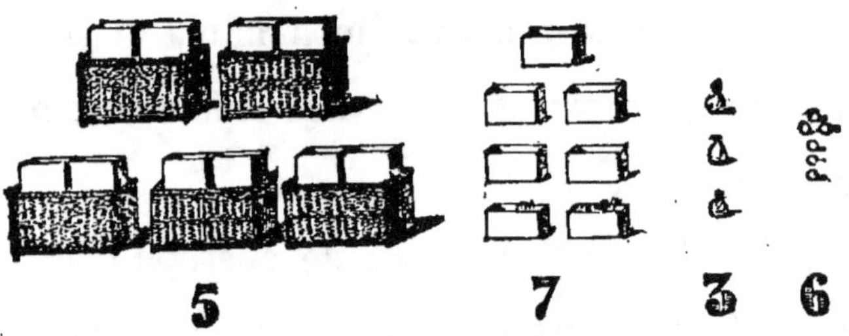

Vous savez que le premier chiffre à droite représente les pommes, ou, si vous aimez mieux,

les unités; le second, en allant à gauche, les
sacs, ou les dizaines; le troisième les boîtes, ou
les centaines; le quatrième les paniers, ou les
mille. Inscrivez-les sur un morceau de papier :
le rang qu'ils occupent vous indiquera suffisamment ce qu'ils représentent; et, avec neuf chiffres seulement, vous pourrez ainsi marquer sur
un papier tous les nombres qui vous arriveront,
quels qu'ils soient. Vous auriez des voitures, des
bateaux, et encore plus fort, que ce serait toujours la même chose.

— Et si l'on avait plus de neuf à un rang?
s'écria Partageur, qui voulait toujours critiquer.

— C'est impossible. Sitôt qu'on est plus de
neuf, on est dix; et dix pommes, dix sacs, dix
boîtes, cela fait un sac, une boîte, un panier.

— Cela, je le veux bien, continua l'éternel
raisonneur. Mais supposons qu'un rang vienne à
manquer, qu'il n'y ait pas de sacs, par exemple,
ou de boîtes, comment fera-t-on pour savoir que

le chiffre des paniers représente le quatrième rang ?

— S'il n'y a que cela qui t'embarrasse, je vais te mettre bien vite à ton aise.

Elle reprit son charbon, et dessina un joli rond :

O

— Vois-tu ce petit rond? c'est encore un chiffre. Nous l'appellerons zéro. Celui-là veut dire qu'il n'y a rien au rang où on le place. Tu le mettras au rang des sacs.

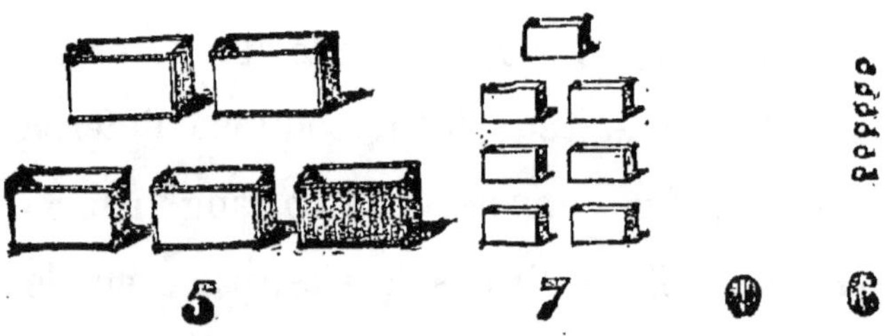

ou des boîtes,

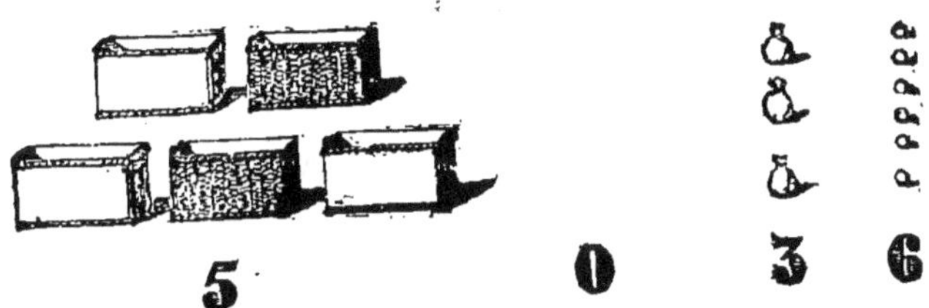

si ce sont les sacs ou les boîtes qui manquent,
et le chiffre des paniers restera toujours le quatrième. Ici, par exemple, tu aurais

5706,

ou bien

5036.

C'est simple comme bonjour.

Ramasse-Tout, qui n'avait pas l'habitude de
réfléchir si longtemps à la fois, commençait à ne
plus s'amuser. Il n'osait pas trop réclamer, sen-
tant combien tout cela était important pour 'ui;

mais à la fin, n'y pouvant plus tenir, il se dé-
cida à prendre la parole :

— Ma bonne Pinchinette, dit-il, je te suis tout
à fait reconnaissant de tout le mal que tu te
donnes pour nous; mais je crois bien que j'en
ai assez. Ma pauvre tête est toute fatiguée.

Pinchinette avait presque envie de se fâcher.

— Et moi, dit-elle, crois-tu que cela ne me
fatigue pas de vous trouver ainsi tout ce qui
vous est nécessaire pour faire vos comptes? Il
faut se fatiguer, mon garçon, quand on veut arriver à quelque chose. S'il n'y avait qu'à jouer
sur la terre, les paresseux y feraient aussi bonne
figure que les autres. Mais enfin, puisque tu
n'en veux plus, je ne suis pas fâchée moi-même
de me reposer un peu. Demain, je reviendrai
vous voir, et nous achèverons cela.

Ainsi finit la première visite de Pinchinette.
Elle avait appris à ses petits frères la NUMÉRA-
TION.

CHAPITRE II.

Le lendemain, après son déjeuner, Pinchi
nette se mit en route pour aller voir ses frères.
Il faisait un temps magnifique. Les petits oiseaux
chantaient dans tous les arbres, et toutes sortes
de jolies fleurs s'épanouissaient au soleil le long
du chemin. Mais la bonne petite fille n'écoutait
pas les oiseaux et ne regardait pas les fleurs.
Elle songeait, tout en marchant, au moyen de
rendre plus commode ce qu'elle avait imaginé la
veille pour ses frères, et la joie qu'elle avait de
leur être utile ne lui laissait pas le loisir de s'occuper d'autre chose.

En arrivant au sommet d'une petite colline d'où l'on découvrait le verger et la maison, elle leva la tête et vit ses frères qui l'attendaient sur la route. Sitôt qu'ils l'aperçurent, ils se mirent à courir vers elle de toutes leurs jambes, luttant à qui arriverait le premier. Ramasse-Tout, qui était le plus leste, eut bientôt pris les devants, et il était encore à quelques pas d'elle qu'il s'écriait tout essoufflé :

—Pinchinette ! ma bonne Pinchinette ! j'ai un grand service à te demander.

— Non, moi ! commence par moi ! cria de loin Partageur, qui accourait en toute hâte. Commence par moi, je t'en prie !

— Je commencerai par celui qui est arrivé le premier, répondit Pinchinette ; mais auparavant il faut que j'achève ce que nous avons commencé hier.

Et, les prenant chacun par un bras, elle les ramena au petit pas à la maison.

— J'ai réfléchi, reprit-elle. Partageur avait raison : on peut avoir des nombres bien plus grands que celui de vos pommes. Les écrire ne sera jamais difficile; il n'y a qu'à mettre des chiffres de plus en avant. Mais pour les prononcer, et surtout pour s'y reconnaître, il y a des arrangements à prendre.

Cinq, sept, trois, six, comme nous avons prononcé hier, cela ne dit rien.

Cinq mille, sept centaines, trois dizaines, six unités, c'est bien long, et, s'il faut trouver un nom nouveau pour chaque rang nouveau, cela finira peut-être par vous embrouiller quand il y en aura beaucoup. Il ne serait pas toujours facile de distinguer les rangs du premier coup.

Voici ce que j'ai imaginé :

Nous mettrons les chiffres par bandes de trois rangs, centaines, dizaines, unités, et ces trois rangs-là reviendront toujours les mêmes.

Au lieu de *centaine*, nous dirons *cent*, pour

que cela soit plus court, et l'on dira : cent, deux cents, trois cents, etc.

Ce sera la même chose pour les unités.

Pour les dizaines, afin de varier un peu, je leur ai donné à chacune un nom.

La première s'appellera   *dix*, cela va sans dire.

La deuxième . . . . . *vingt.*

La troisième. . . . . . *trente.*

La quatrième. . . . . *quarante.*

La cinquième. . . . . *cinquante.*

La sixième. . . . . . *soixante.*

La septième. . . . . . *soixante-dix.*

La huitième. . . . . . *quatre-vingts.*

La neuvième. . . . . *quatre-vingt-dix.*

Vous comprenez bien tout cela, n'est-ce pas ?

— Oh ! parfaitement, s'écria Ramasse-Tout.

— Et pour aller d'une dizaine à l'autre ? dit Partageur, toujours prêt à trouver des difficultés.

— D'une dizaine à l'autre, nous reprenons :
un, deux, trois, quatre, etc.

Un, qui est le premier, avait droit à une dis-
tinction. On mettra *et* devant lui : vingt et un,
trente et un, quarante et un, etc.

Les autres iront tranquillement à la suite :
vingt-deux, vingt-trois, vingt-quatre, etc.

Enfin, j'ai voulu faire aussi honneur aux nombres qui suivent la première dizaine.

Au lieu de dire : dix et un, dix-deux, dix-
trois, dix-quatre, dix-cinq, dix-six,

On dira :

Onze, douze, treize, quatorze, quinze, seize.

Les trois derniers feront comme leurs camarades des autres dizaines :

Dix-sept, dix-huit, dix-neuf.

— Oh ! cela va bien nous amuser, disait Ramasse-Tout en se frottant les mains. Je voudrais
avoir déjà des bandes de chiffres devant moi pour
m'exercer.

On était arrivé devant la maison. Pinchinette prit sa baguette, une jolie baguette en ivoire doré que lui avait donnée la marraine, et traça sur le sable la longue suite de chiffres que voici :

324.549.672.845.

— Voyez un peu, dit-elle, où vous en seriez s'il fallait dire : *trois, deux, quatre*, et toujours comme cela jusqu'à la fin, ou si chacun de ces douze chiffres avait un nom de rang particulier !

Au lieu de cela, nous nous contenterons de donner un nom particulier à ceux qui terminent chaque bande.

Pour la première, c'est donc. . *unité*. Nous en sommes convenus.

Pour la seconde. . . . . *mille*.

Pour la troisième. . . . . . *million*.

Pour la quatrième. . . . . . *billion*.

Et nous allons prononcer tout cet énorme nombre le plus facilement du monde, en commençant par les rangs les plus élevés. C'est toujours par là qu'il faudra commencer.

Trois cent vingt-quatre. . . *billions.*
Cinq cent quarante-neuf. . . *millions.*
Six cent soixante-douze. . . . *mille.*
Huit cent quinze. . . . . . . *unités.*

— Au delà du billion, comment dirait-on? demanda Partageur un peu timidement cette fois, car la tête commençait à lui tourner.

— Oh! ce n'est pas là quelque chose de bien nécessaire pour toi : ces nombres-là ne te regardent plus. Mais enfin, si tu as peur d'en manquer, on t'en donnera tant que tu en voudras : *trillion, quatrillion, quintillion, sextillion, septillion, octillion, nonillion, décillion.* En as-tu assez? Te figures-tu bien ce que c'est qu'un décillion?

Partageur resta court; et, sans plus parler,
'n entra dans la maison. Il était temps pour Ramasse-Tout, qui, malgré sa passion des grands
nombres, se sentait tout bouleversé à l'idée de
ces quintillions et de ces nonillions. Mais en remettant le pied dans son domaine, il sentit les
pensées qui l'avaient fait courir au-devant de
Pinchinette rentrer en foule dans sa tête, et les
nombres qui l'épouvantaient s'envolèrent tout à
coup.

Il commença sur-le-champ une longue histoire; mais, à la façon des petits enfants qui
veulent raconter trop vite, il y mit tant de
comme ça, tant d'*alors* et de *et puis,* que sa
sœur avait un peu de peine à comprendre. Pour
vous éviter cette peine-là, j'aime mieux vous la
raconter moi-même.

Voici donc ce qui était arrivé :

Dès la pointe du jour, mon Ramasse-Tout,
fier comme un roi de savoir compter, avait sauté

d'un bond hors du lit en s'éveillant, et, pour
essayer sa nouvelle science, il avait couru au
verger avec toute une charge de sacs et de boîtes
vides qu'il avait remplis de pommes, bien dans
les règles, et sans se tromper une seule fois.
Mais quand il commença à porter au tas ses
nouvelles richesses, enchanté de lui-même, et
tout triomphant, ses airs de grand vainqueur fi-
rent bientôt place à la mine la plus piteuse et
la plus désespérée que vous puissiez imaginer.
Partageur, qui ne dormait jamais que d'un œil,
s'était levé derrière son aîné, et courant au tas
pendant que l'autre courait au verger, il avait
d'abord dévalisé tout un panier de ses boîtes,
transportées aussitôt en quatre endroits différents, pour plus de sûreté. Puis, allant aux
boîtes, il en avait vidé deux de leurs sacs, qui
étaient allés rejoindre le contenu du panier. Et
enfin, appliquant à sa manière la leçon de la
veille, il avait ouvert trois des sacs emportés

dans les cachettes, et avait distribué les pommes de façon à compléter ses quatre nombres. Centaines, dizaines, unités, rien n'y manquait.

Vous pouvez vous figurer quels cris jeta Ramasse-Tout à la vue de ce beau travail. Tout l'ouvrage de Pinchinette était défait, et le pis était qu'il ne savait comment réparer le désastre. Auparavant il n'avait pas grand'peine à remédier aux escapades de son frère. Il n'avait qu'à se baisser pour ramasser, et à rejeter sur le tas les pommes qui en avaient été soustraites. Maintenant il perdait la tête dans ces sacs et ces boîtes, et désespérait de s'en tirer. S'il ne s'était pas retenu, je crois qu'il aurait battu le pauvre petit. Mais c'était un brave garçon qui aurait rougi d'abuser de sa force, et qui savait que les aînés n'ont pas d'autre droit sur leurs cadets que celui de les protéger quand ils en trouvent l'occasion.

De son côté Partageur, se voyant menacé

aussi sérieusement dans ce qu'il avait toujours considéré comme un droit, Partageur avait été saisi d'un véritable désespoir. Cela ne lui paraissait pas du tout une garantie, que ses pommes fussent enrégimentées par sacs, boîtes et paniers. Ce n'était pas là ce qui pouvait empêcher les voleurs de les prendre ; et le bel avantage de savoir au juste ce que l'on vous a pris ! D'ailleurs, il s'était fait une habitude de transporter ainsi sa fortune à droite et à gauche. C'était tout son plaisir, et la vie n'avait plus de charme pour lui du moment qu'il fallait y renoncer. Il déclara tout haut que, puisqu'il en était ainsi, il voulait désormais avoir sa part à lui de toute la récolte, pour en faire ce qu'il voudrait.

Là-dessus, ils étaient partis tous les deux pour implorer, chacun de son côté, le secours de Pinchinette, et la chère fille, pour leur avoir rendu service une première fois, se voyait maintenant de nouvelles difficultés sur les bras. C'est une

chose qui arrive souvent; mais les bons cœurs
ne s'en embarrassent pas. Ce qu'on a commencé, ils sentent bien qu'on est obligé de l'a-
chever.

CHAPITRE III.

L'ADDITION.

— Mon petit Ramasse-Tout, dit Pinchinette
après avoir un peu réfléchi quand l'enfant eut
achevé son histoire, tu veux que je te fasse un
seul nombre avec tous ceux dont tu m'as parlé.
Rassure-toi : c'est la chose du monde la plus
simple.

Voyons d'abord ce qui reste de notre nombre
d'hier, et prends le charbon pour écrire sur le
plancher :

Un panier de moins sur les cinq, cela les re-
met à quatre. Écris.   4

Les sept boîtes, diminuées de deux, ne
sont plus que cinq. Écris.   5

On n'a pas touché aux trois sacs. Écris   3

Les six pommes n'ont pas bougé non
plus. Écris.   6

Tu as donc d'abord : 4.536.

Où est maintenant ta récolte?

Huit boîtes et sept sacs étaient pêle-mêle dans un coin. On les plaça bien en ordre au-dessous de la grande provision, les boîtes sous les boîtes, les sacs sous les sacs, et Ramasse-Tout écrivit : 87.

— Eh bien! qu'est-ce que tu fais là? Et le rang des unités! tu l'oublies.

— Mais il n'y en a pas.

— Et à quoi sert donc notre zéro?

— Tiens! c'est vrai.

Il ajouta un zéro, et cela fit : 870.

— Voilà qui est bien. Allez me chercher ensemble les tas de Partageur l'un après l'autre, et nous les alignerons de la même manière.

Le premier contenait trois boîtes, huit sacs et neuf pommes.

On écrivit : **389.**

Le second contenait deux boîtes, quatre sacs et huit pommes.

On écrivit : **248.**

Le troisième **contenait une boîte, trois sacs et** sept pommes.

On écrivit : **137.**

Le quatrième contenait quatre boîtes, deux sacs et six pommes.

On écrivit : **426.**

Pinchinette, se plaçant alors avec Ramasse-Tout entre les chiffres et les files de pommes :

— Suis-moi bien attentivement, dit-elle, et tout ce que tu me verras faire avec les pommes, fais-le avec les chiffres.

Elle prit une planche qu'elle mit en travers au-dessous des pommes, pour séparer des nombres déjà faits celui qu'elle voulait faire, et le garçon fit une barre au-dessous de 426, pour l'imiter.

4	5	3	6	4.536
	8	7	0	870
	3	8	9	389
	2	4	8	248
	1	3	7	137
	4	2	6	426
6	6	0	6	6.606

— Maintenant, comptons les pommes, dit Pinchinette.

Six et neuf, quinze; et huit, vingt-trois; et sept, trente; et six, trente-six.

— Trente-six pommes! Passe-moi trois sacs, j'ai de quoi les remplir.

Elle remplit les trois sacs, et mit derrière la planche les six pommes qui restaient.

Ramasse-Tout écrivit : 6 au-dessous de ses unités.

— Cela nous fait trois sacs de plus. Comptons-les avec les autres.

Trois et trois, six; et sept, treize; et huit, vingt et un; et quatre, vingt-cinq; et trois, vingt-huit; et deux, trente.

Bon ! nous voilà en état de remplir juste trois boîtes, et nous n'aurons plus de sacs.

Elle remplit les trois boîtes, et comme elle

n'avait rien à mettre derrière la planche, Ramasse-Tout écrivit : 0 au-dessous de ses dizaines.

— Passons aux boîtes. En voici déjà trois qui nous viennent des sacs.

Trois et cinq, huit; et huit, seize; et trois, dix-neuf; et deux, vingt et un; et un, vingt-deux; et quatre, vingt-six.

Les vingt boîtes s'en allèrent dans deux paniers, et elle mit derrière la planche les six qui lui restaient.

Ramasse-Tout écrivit : 6 au-dessous de ses centaines.

— *Deux paniers et quatre paniers, cela fait six paniers.*

Écris vite un 6 au rang des mille, mon petit Ramasse-Tout, et viens m'aider à porter les paniers de l'autre côté de la planche.

Qu'avons-nous maintenant?

Six paniers, six boîtes, pas de sacs et six pommes.

Voyons ton nombre?

6.606. C'est juste l'affaire. Voilà une opération faite, et tu vois que ce n'est pas bien malin.

— Comment faudra-t-il appeler cette opération-là?

— Nous l'appellerons l'ADDITION, et désormais, quand tu voudras réunir ensemble des nombres pour en faire un seul, tu pourras dire que tu les *additionnes*.

— Et le grand nombre que j'aurai à la fin, comment le nommer?

— Son nom sera le *total*, puisqu'il contient .ous les autres.

CHAPITRE IV.

Partageur avait gardé le silence tant qu'avait duré l'opération de son frère.

Quand elle fut terminée :

— A mon tour, dit-il. M. Ramasse-Tout a eu ce qu'il voulait; mais il faudra bien aussi qu'il fasse à ma volonté. Les pommes sont aussi à moi.: il est juste que j'en aie ma part.

— Allons, Partageur, sois raisonnable, reprit l'additionneur. Tu vois toute la peine que nous nous sommes donnée, Pinchinette et moi, pour faire un seul total de toute la fortune de la maison. Ne va pas le défaire par esprit de taquinerie.

Il faut le laisser faire, interrompit Pinchinette. Cela vaudra mieux pour vous deux. De
cette façon-là vous ne vous disputerez plus, et
il n'y a pas de total au monde qui vaille la peine
d'être un sujet de disputes entre deux frères.
Que demandes-tu, Partageur?

— Je demande vingt-cinq boîtes, vingt-cinq
sacs et vingt-cinq pommes. Mais je voudrais
savoir si cela fait mon compte?

— Quel drôle de nombre me donnes-tu là?
Il faut l'arranger autrement, si nous voulons
l'écrire.

Vingt-cinq pommes, cela fait deux sacs et
cinq pommes. Écris : 5 au rang des unités.

Vingt-cinq sacs, cela fait deux boîtes et cinq
sacs. Avec les deux sacs qui viennent des pommes, cela fait sept sacs. Écris : 7 au rang des
dizaines.

Vingt-cinq boîtes, cela fait deux paniers et
cinq boîtes. En ajoutant les deux boîtes qui

viennent des sacs, cela fait encore sept. Écris :
7 au rang des centaines.

Pour représenter les deux paniers provenant
des boîtes, écris : 2 au rang des mille.

C'est donc 2.775 pommes que tu veux, et
nous en avons 6.606. Écris-moi là les deux nombres, le petit au-dessous du grand, et regarde
bien ce que je vais faire.

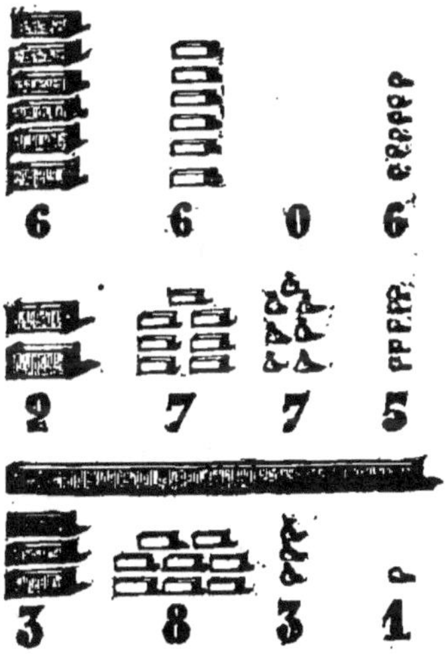

Elle mit Partageur, le charbon à la main, à la place où elle avait mis son frère. Il écrivit les deux nombres, et quand il la vit poser la planche

6.606

2.775

3.831

sous la provision de pommes, il traça une barre

sous ses nombres.

Elle avait laissé un intervalle entre la planche et les pommes.

— Vois-tu, dit-elle en lui montrant la place vide, je vais mettre là les 2.775 pommes que tu demandes, et que je vais retirer du tas successivement, en allant d'une rangée à l'autre. Ce qui restera de chaque rangée, je le mettrai derrière la planche, et tu écriras les chiffres sous ta barre, comme tu l'as vu faire à Ramasse-Tout.

Disant cela, elle prit les six pommes.

— Tu en veux d'abord cinq : les voilà. Celle qui reste ira derrière la planche.

Partageur écrivit : 1 sous ses unités.

— Il te faut ensuite sept dizaines, c'est-à-dire sept sacs. Nous n'en avons pas ; mais il n'est pas difficile d'en avoir. Il y a là, à côté, six boîtes qui sont pleines de sacs. Je vais faire comme toi ce matin, et en vider une. J'y trouve dix sacs. Sept pour toi, et trois qui restent ; le compte est bientôt réglé.

Elle mit les trois sacs restants derrière la planche, et Partageur écrivit : 3 sous ses dizaines.

— Maintenant j'ai à te donner sept centaines, ou sept boîtes. Il y en avait six tout à l'heure, et comme je viens d'en prendre une, il n'y en a plus que cinq. Mais voilà des paniers où je puis en prendre. J'en vide un où je trouve dix boîtes, et avec les cinq que nous avons déjà, cela fait quinze. Je t'en donne sept : il en reste huit. Mettons-les derrière la planche.

Partageur écrivit : 8 sous ses centaines.

— Pour les paniers, cela ne sera pas long. Nous en avons pris un : il en reste cinq, deux pour toi, et trois derrière la planche ; voilà qui est fait. Aide-moi à transporter tout cela.

Partageur se dépêcha d'écrire 3 sous ses mille, et les paniers furent mis en place en un clin d'œil.

Que reste-t-il à Ramasse-Tout ? Trois paniers,

huit boîtes, trois sacs et une pomme. Voyons ton nombre.

3.831 ! C'est bien cela. Tu n'as pas assez réfléchi avant de parler, mon pauvre Partageur. Ton frère en aura plus que toi.

— Qu'à cela ne tienne, dit l'aîné, qui aimait la justice; je veux bien lui donner ce que j'ai de trop.

— Mais comment savoir au juste ce qu'il a de trop? reprit Partageur en se grattant l'oreille?

— Rien de plus facile; nous n'aurons pas besoin de rien déranger. Au moyen des chiffres seulement, je m'en charge. Regarde : je vais écrire le petit nombre sous le grand, et je vais l'en retirer, comme nous avons fait tout à l'heure.

$$
\begin{array}{r}
3.831 \\
2.775 \\
\hline
1.056
\end{array}
$$

Je ne peux pas retirer cinq unités d'une seule.

Je prends une des trois dizaines qui contient dix unités. Dix et une font onze, d'où je retire cinq, et il reste : 6.

Des deux dizaines qui restent, je ne peux pas retirer sept. J'en fais douze dizaines en y joignant les dix contenues dans une des huit centaines. Je retire sept de douze, et il reste : 5.

Nous n'avons plus que sept centaines en haut, puisqu'on a ôté une des huit. Il y en a juste sept en bas. Si je retire sept de sept, il ne restera rien. Mettons : 0.

Enfin, de trois mille si je retire deux mille, il en reste un. J'écris 1 au rang des mille, et le nombre que nous cherchions est enfin trouvé.

C'est 1.056 pommes que Ramasse-Tout a de plus que toi.

— Alors il va me les donner.

— Mais, petit bêta, s'il te les donne, c'est toi qui en auras 3.831, et lui n'en aura plus que 2.775. Ce serait à recommencer.

— Et comment cela?

— Tu ne vois donc pas que ces 1.056 qui restent font juste la différence qui existe entre 3.831 et 2.775. Si on les ôte de 3.831, il reste 2.775. Si on les ajoute à 2.775, cela fait 3.831.

— Eh! mon Dieu! comment nous tirer de là?

— Sais-tu quoi? s'écria Ramasse-Tout, que tous ces calculs commençaient à ennuyer; nous allons les donner à Pinchinette. J'espère qu'elle les aura bien gagnées.

— Eh bien! soit; mais à la condition qu'elle m'expliquera une chose qui m'embarrasse encore. Tout à l'heure, il n'y avait pas de sacs; nous en avons pris aux boîtes. Mais s'il n'y avait pas eu de boîtes non plus, comment aurait-on fait? Supposons, par exemple, ce nombre-là.

Il écrivit 6.006.

— La belle difficulté! Nous prenons un des paniers qu'on vide de ses dix boîtes. Il ne faut qu'une boîte pour les sacs, n'est-ce pas? Nous en laissons neuf au rang des boîtes, et nous gardons seulement la dixième qui nous donne ses dix sacs.

Regarde : voici un nombre qui a encore plus de zéros que le tien.

Elle écrivit : 6.000.

— Nous avons six mille. Je suppose qu'on veuille en retirer cinq unités.

D'un des mille je fais dix centaines, et j'en laisse neuf, en passant, au rang des centaines.

De la dernière centaine je fais dix dizaines. J'en laisse neuf au rang des dizaines, et la dernière me donne dix unités.

Quand tu auras retiré tes cinq unités, il te restera 5.995.

S'il t'arrive jamais de rencontrer comme cela des files de zéros, voici une règle qui est bien simple. Tu empruntes 1 au premier chiffre qui se trouve au bout des zéros. Tous les zéros qui le suivent deviennent aussitôt 9, jusqu'au rang qui était trop faible, et qui reçoit 10. Je viens de te montrer pourquoi.

Un long gémissement se fit entendre à côté d'eux. C'était Ramasse-Tout qui n'en pouvait plus.

— Ma bonne Pinchinette, fit-il d'un ton désolé, prends tes pommes, et laisse là ce bavard. Le temps se passe, et nous n'avons encore rien vendu aujourd'hui.

— Un moment! s'écria l'autre. Il faut auparavant qu'elle me donne un nom pour mon opération. Ton opération, à toi, a son nom; la mienne m'amuse beaucoup. J'aimerais à pouvoir en parler.

— Le nom est tout trouvé : c'est la SOUSTRACTION, puisqu'elle consiste à soustraire, ou à retirer, comme tu voudras, un nombre d'un autre.

— Et celui qui vient sous la barre, quel nom lui donner?

— La *différence*, puisque c'est la différence qui existe entre le grand nombre et le petit; ou bien le *reste*, puisque c'est ce qui reste du grand quand on en a soustrait le petit. Je te laisse le choix entre les deux noms. L'un vaut l'autre.

CHAPITRE V.

Il s'agissait maintenant de partir, Pinchinette pour retourner chez la marraine, les deux frères pour aller vendre leurs pommes, chacun à ses pratiques.

Ramasse-Tout, qui était de beaucoup le plus fort, laissait d'habitude l'âne à son petit frère, et s'en allait trottant sur le chemin, sa jolie hotte d'osier sur le dos. Il la remplit jusqu'en haut de sacs, prétendant qu'il serait plus commode de les avoir sous la main par dizaines à la fois. C'était lui qui servait les grosses maisons.

Partageur commença par vider ses deux paniers qui, pleins, étaient bien trop lourds pour
qu'il pût les monter sur l'âne. Puis, quand ils
furent placés, il y fit pleuvoir les pommes à la
débandade, pour s'éviter la peine d'ouvrir plus
tard à chaque instant les sacs, car il n'avait
guère que de petits acheteurs qui prenaient ra-
rement dix pommes à la fois.

Comme ils allaient se mettre en route, Pinchinette, qui s'était amusée à les regarder faire,
eut tout à coup une idée. Vous n'avez pas oublié
qu'elle aussi était propriétaire de pommes, puisqu'on lui en avait donné 1.056. Elle s'en était
peu occupée d'abord, ne sachant trop qu'en
faire, car elle ne pouvait pas penser à les appor-
ter sur ses bras chez la marraine. L'idée lui vint
qu'elle pourrait bien aussi les vendre, ou du
moins les faire vendre, et que cela lui rapporte-
rait de l'argent. Les petites filles ne sont jamais
fâchées d'avoir quelque chose à elles.

Elle tira deux boîtes de son panier, et les ten-
tant aux deux garçons :

— Chers frères, dit-elle, vous seriez bien gen-
tils de vendre aussi de mes pommes. J'ai vu,
l'autre jour, à l'un des magasins qui sont sur la
place, un beau ruban rose qui m'a plu tout à
fait. Et puis, il y a sur mon chemin une pauvre
cabane où je suis entrée bien souvent. Cela me
ferait un grand plaisir d'y porter une jolie paire
de sabots pour le petit enfant, dont les sabots
sont tout fendus.

Ramasse-Tout prit la boîte, qu'il attacha avec
précaution sur sa hotte, aidé de Pinchinette qui
lui tenait la ficelle.

Pendant ce temps-là, Partageur ouvrait machinalement les sacs de sa sœur, comme il avait
fait des siens, et les pommes tombaient comme
grêle dans les paniers, où elles se confondaient
avec les siennes à lui.

— Ah! mon Dieu! s'écria Pinchinette quand

elle eut fini avec l'aîné et qu'elle se retourna du côté du cadet, ah! mon Dieu! qu'est-ce que tu fais là? Comment pourras-tu reconnaître ce qui est à moi dans les paniers?

— Sois tranquille. Je vendrai une pomme pour moi, une pomme pour toi; et, quand ce sera ton tour, je mettrai bien soigneusement de côté ce qui te reviendra.

— Je ne suis pas encore bien rassurée; mais nous verrons demain à retrouver notre compte.

Elle partit, et les deux petits marchands de pommes partirent aussi, chacun de leur côté.

Il faut vous dire qu'on avait pour monnaie dans ce pays-là de toutes petites pièces de cuivre, grosses à peine comme nos centimes, qu'on appelait des tocars, et qui étaient percées au milieu d'un petit trou par lequel on les enfilait dans un gros fil, qui servait ainsi de bourse. Partageur avait pris deux fils, l'un pour sa sœur, l'autre pour lui. Ramasse-Tout n'avait emporté qu'un fil, où tout allait, qu'il vendît des sacs de la boîte ou de ceux de la hotte.

Il faut vous dire aussi que, comme leurs pommes étaient les meilleures du pays, elles se vendaient assez cher, et qu'on leur donnait huit tocars pour une pomme. C'était un prix fait, et jamais maîtresse de maison ne se serait avisée de marchander avec eux. Dieu sait pourtant si les dames ont du plaisir à marchander! Mais on savait que cela n'aurait servi à rien.

Quand Pinchinette arriva le lendemain matin pour chercher son argent, elle trouva les deux garçons tout penauds.

Ramasse-Tout savait bien ce qu'il avait vendu de pommes de la boîte : il était facile de voir ce qui manquait. Mais il ne pouvait pas trouver ce qu'il devait à sa sœur.

Partageur savait bien ce qu'il avait d'argent pour elle : son fil était là. Mais il ne pouvait pas lui dire combien il avait vendu de ses pommes, et combien il en restait.

Ils n'osaient pas trop d'abord lui avouer leur embarras ; il fallut bien pourtant en venir là.

— Écoute, Pinchinette, dit en terminant Ramasse-Tout qui avait pris bravement la parole, il ne reste plus que neuf pommes dans ta boîte. Je t'ai donc vendu neuf sacs et une pomme, ce qui fait 91, si je me souviens bien. Chacune a été payée huit tocars, comme tu sais. Voilà mon fil de tocars ! Prends ce que tu voudras : je ne peux pas te dire mieux.

— Je te demande bien pardon, tu pourrais dire mieux. Ce serait bien meilleur pour moi de savoir au juste ce qui me revient. Je n'ai pas plus envie de prendre ton argent que tu n'as envie de garder le mien. Essayons quelque chose de plus raisonnable.

Tu dis que tu as vendu 91 pommes à 8 tocars la pièce. Si on les avait payées 1 tocar la pièce,

cela ferait juste 91 tocars. A 2 tocars la pièce,
cela ferait donc 2 fois 91 tocars ; à 3 tocars,
3 fois 91, et ainsi de suite. On les a payées
8 tocars. Il me revient donc 8 fois 91 tocars.
Écris 91 huit fois à la suite, de haut en bas, et
nous allons additionner.

— Tu as, ma foi, raison. Comment n'ai-je pas
pensé plus tôt à cela?

Il commença donc à écrire :

$$91$$
$$91$$
$$9...$$

— Arrête! lui cria tout à coup Pinchinette. Je
viens de trouver mieux.

Ayant pris le charbon, elle écrivit :

$$91$$
$$8$$
$$\overline{}$$
$$....8$$

— Dans 91, dit-elle, il y a neuf dizaines, plus une unité. Voyons à mesure ce qu'ont rapporté d'abord l'unité, et ensuite les neuf dizaines. Nous serons dispensés d'en écrire si long.

Pour l'unité, j'ai d'abord 8 tocars, c'est tout simple.

Pour chaque dizaine qui contient dix fois plus de pommes, j'aurai dix fois plus de tocars, c'est-à-dire 8 dizaines.

Pour les 9 dizaines, j'aurai donc 9 fois 8 dizaines, ou 8 fois 9 dizaines, cela revient au même.

8 fois 9?... Voyons, Ramasse-Tout, et toi, Partageur, 8 fois 9, qu'est-ce que cela fait?

Les deux têtes se baissèrent aussitôt. Elle vit tout de suite qu'elle ne pouvait pas compter sur eux.

— Je le trouverai bien sans vous, fit-elle, un peu piquée de se voir arrêtée ainsi dans son calcul.

Et comptant sur ses doigts :

Une fois neuf — neuf,

Deux fois neuf — dix-huit,

Trois fois neuf — vingt-sept,

etc.

Elle écrivit à mesure, sur une ligne de petits carrés numérotés, ce qui suit :

1	2	3	4	5	6	7	8	9
9	18	27	36	45	54	63	72	81

— Je le tiens, s'écria-t-elle ensuite toute joyeuse : 8 fois 9, cela fait 72!

Tu me dois pour les 9 dizaines de pommes, 72 dizaines de tocars, ou 720. Avec les 8 tocars qui me reviennent pour la pomme vendue en dehors des dizaines, cela fait en tout 728 tocars Donne-les-moi, nous serons quittes.

— Ah! je suis bien content, dit Ramasse-

Tout; mais explique-moi encore une chose. Tu viens de me dire tout à l'heure que 9 fois 8, ou 8 fois 9, cela revient au même. En es-tu bien sûre ?

Pour toute réponse, Pinchinette reprit le charbon, et fit un grand nombre de traits disposés ainsi :

$$
\begin{matrix}
1 & 1 & 1 & 1 & 1 & 1 & 1 & 1 \\
1 & 1 & 1 & 1 & 1 & 1 & 1 & 1 \\
1 & 1 & 1 & 1 & 1 & 1 & 1 & 1 \\
1 & 1 & 1 & 1 & 1 & 1 & 1 & 1 \\
1 & 1 & 1 & 1 & 1 & 1 & 1 & 1 \\
1 & 1 & 1 & 1 & 1 & 1 & 1 & 1 \\
1 & 1 & 1 & 1 & 1 & 1 & 1 & 1 \\
1 & 1 & 1 & 1 & 1 & 1 & 1 & 1 \\
1 & 1 & 1 & 1 & 1 & 1 & 1 & 1 \\
\end{matrix}
$$

— Combien y a-t-il de traits sur chaque ligne?
— Huit.
— Et combien y a-t-il de lignes?
— Neuf.

— Compte tous ces traits en suivant chaque ligne tout du long, l'une après l'autre... Combien en trouves-tu?

— Soixante-douze.

— Qu'as-tu fait là? Tu as compté neuf fois huit traits, puisqu'il y a neuf lignes de huit traits chacune. Et si maintenant tu comptais les traits par rangées de haut en bas, en descendant d'une ligne à l'autre, combien en aurais-tu?

— Quelle demande! soixante-douze. Que je compte en long ou en large, les traits sont toujours là. Ils restent les mêmes, cela saute aux yeux.

— Je suis tout à fait de ton avis. Eh bien! en comptant de haut en bas, tu aurais eu huit rangées de neuf traits chacune, ou huit fois neuf traits. Tu vois bien que 9 fois 8, ou 8 fois 9, cela revient au même, et tu aurais d'autres nombres, n'importe lesquels, que ce serait absolument la même chose. Mille fois quatre, ou quatre fois mille, cela fera toujours quatre mille.

Donne-moi mes 728 tocars, et sois bien tranquille; tu peux être persuadé que c'est mon compte.

Ramasse-Tout délia son fil, et compta soigneusement les 728 pièces qui revenaient à sa sœur. Mais, tout en comptant, il lui était venu à son tour une idée. Vous savez qu'il était grand ami des totaux. L'envie le prit de savoir quel serait le total de sa fortune en argent, quand il aurait vendu toutes les pommes qui lui avaient été données pour sa part.

— Ma petite Pinchinette, dit-il après un moment d'hésitation, je vais finir par te fatiguer; mais rends-moi encore un service. Comment savoir ce que j'aurai en tout de tocars quand j'aurai vendu mes 2.775 pommes?

— Écris 8 fois 2.775, et fais l'addition.

— Ce n'est pas là ce que je te demande. Je voudrais compter comme tu viens de le faire pour les 91 pommes.

— Eh bien! tu n'as qu'à faire le même raisonnement. 2.775 se compose de 2 mille, 7 centaines, 7 dizaines et 5 unités. Nous allons voir à mesure ce que rapportent les unités, les dizaines, les centaines et les mille, et nous additionnerons ensuite tout cela.

Elle écrivit encore :

$$
\begin{array}{r}
2.775 \\
8 \\
\hline
\end{array}
$$

Commençons tout de suite : 8 fois 5?... Allons, nous voilà embarrassés comme tout à l'heure. Il faut que je mette ordre à cela une fois pour toutes.

Elle écrivit d'un trait le petit tableau que vous trouverez dans votre Arithmétique sous le nom de *Table de Pythagore*. Je ne veux pas dire du mal de Pythagore, qui était un très-

1	2	3	4	5	6	7	8	9
2	4	6	8	10	12	14	16	18
3	6	9	12	15	18	21	24	27
4	8	12	16	20	24	28	32	36
5	10	15	20	25	30	35	40	45
6	12	18	24	30	36	42	48	54
7	14	21	28	35	42	49	56	63
8	16	24	32	40	48	56	64	72
9	18	27	36	45	54	63	72	81

habile homme dans son genre, et qui aura bien pu imaginer aussi quelque petite chose, à lui tout seul, de son côté. Toujours est-il qu'il n'approchait pas de Pinchinette, et que sa fameuse table, elle l'avait trouvée avant lui.

— Tu vois, dit-elle à Ramasse-Tout quand elle eut fini, nous voilà tirés pour toujours d'embarras. Mets le doigt sur la ligne de 8, et suis-la jusqu'à la cinquième rangée, qui est facile à reconnaître, puisqu'il y a un 5 en haut.

Tu trouves : 40.

C'est juste ce que vaut 8 fois 5.

Nous n'avons plus qu'à en faire autant à chaque fois qu'il nous viendra un nouveau chiffre. Si tu veux te donner la peine d'apprendre mon petit tableau par cœur, tu pourras compter ensuite tout ce que tu voudras, sans rien demander à personne.

8 fois 5, cela fait donc 40. Tes cinq pommes te rapporteront d'abord 40 tocars. Écrivons. 40

8 fois 7, cela fait 56. Tes sept dizaines de pommes te rapporteront 56 dizaines, ou 560 tocars. Écrivons. . . 560

A reporter. . . 600

Report. . .. 600

Le chiffre des centaines est le même
que celui des dizaines. C'est donc encore une fois 56; mais cette fois-ci
nous avons 56 centaines, ou 5.600.
Écrivons. 5.600

Enfin, 8 fois 2 mille, cela fait 16
mille. Ecrivons. 16.000

Maintenant additionnons, et nous
trouverons. 22.200

C'est donc vingt-deux mille deux cents tocars
dont tu seras propriétaire quand tu auras vendu
tes deux mille sept cent soixante-quinze pommes.

— O ma petite Pinchinette, comme tu as de
l'esprit, s'écria Ramasse-Tout, dont l'admiration
pour sa sœur ne connaissait plus de bornes.
Comment peux-tu trouver si vite une chose aussi
difficile?

— Attends un peu ; recommençons cela. Je viens de trouver un moyen d'aller encore plus vite.

Elle écrivit :

$$
\begin{array}{r}
2.775 \\
8 \\
\hline
22.200
\end{array}
$$

Fais bien attention à mon raisonnement.

Quand je prends 8 fois les unités, 8 fois les dizaines, 8 fois les centaines, 8 fois les mille, j'obtiens successivement des unités, des dizaines, des centaines et des mille, juste dans l'ordre où tout cela se suit quand on écrit un nombre. Par conséquent, ce n'est pas la peine d'écrire à part chacun des nombres que j'obtiens pour les additionner ensuite. Tu vas voir qu'ils sauront bien s'additionner tout seuls.

Je dis donc : 8 fois 5 unités font 40 unités,

ou 4 dizaines juste. Il n'y aura pas d'unités au total, c'est clair, car ce ne sont pas les dizaines, ni les centaines, et encore moins les mille qui m'en donneront.

J'écris de confiance : 0 au rang des unités.

8 fois 7 dizaines font 56 dizaines. En ajoutant les 4 dizaines fournies par les unités, nous avons 60 dizaines, ou 6 centaines. Il n'y aura pas non plus de dizaines au total.

J'écris encore : 0 au rang des dizaines.

8 fois 7 centaines font 56 centaines. En ajoutant les 6 centaines fournies par les dizaines, nous avons 62 centaines, ou 6 mille et 2 centaines.

J'écris : 2 au rang des centaines.

Enfin 8 fois 2 mille font 16 mille. Ajoutons les 6 mille fournis par les centaines, nous aurons 22 mille, ou 2 dizaines de mille et 2 mille.

J'écris : 2 au rang des mille, 2 au rang des dizaines de mille, et nous trouvons ainsi du premier coup tes 22.200 tocars.

— En voilà assez, Pinchinette ; je n'ose plus rien te demander, parce que je finirais par m'y perdre. Dis-moi seulement comment il faudra nommer cette belle opération. Belle ! on peut bien le dire. Elle est encore plus belle que l'addition !

— Nous la nommerons la MULTIPLICATION, parce qu'elle sert à multiplier un nombre par un autre.

— Je ne te comprends pas bien.

— Dans 8 tocars, il y a 8 fois 1 tocar, n'est-ce pas ? Eh bien ! 22.200 contient 2.775 huit fois, c'est-à-dire juste autant de fois que 8 contient de tocars, ou d'unités, si tu aimes mieux cela. En d'autres termes, multiplier un nombre par un autre, c'est en trouver un troisième qui contienne le premier autant de fois que le second contient d'unités. Comprends-tu cela ?

— A peu près ; mais en y réfléchissant bien, je crois que cela finira par venir. Et comment appellerons-nous le premier, le second et le troisième nombre?

— Le premier, 2.775 par exemple, s'appellera le *multiplicande*, c'est-à-dire celui qui est multiplié.

Le second, ici c'est 8, s'appellera *multiplicateur*, c'est-à-dire celui qui multiplie.

Quant au troisième, nos 22.200, nous le nommerons *produit*, parce que c'est le résultat ou le produit de la multiplication du premier par le second.

— Bon Dieu! Pinchinette, où vas-tu chercher tous ces noms-là?

— Vois-tu, mon petit Ramasse-Tout, notre marraine m'a appris le latin. Je ne suis pas fâchée d'utiliser un peu mon savoir, et ces noms-là veulent dire en latin ce que je t'ai expliqué. Ne te fâche pas après eux. Quand tu en auras pris l'habitude, ils te paraîtront tout naturels.

CHAPITRE VII.

LA DIVISION.

— Et toi, dit Pinchinette en se tournant vers Partageur, voyons maintenant combien tu as de tocars à moi.

On compta les pièces. Il y en avait 688.

— J'ai réfléchi, dit le garçon, pendant que tu parlais à Ramasse-Tout. Je n'ai plus besoin de toi pour trouver ce que j'ai vendu de pommes. Chacune a rapporté 8 tocars. Autant de fois je pourrais retirer 8 de 688, autant de pommes j'aurai vendues. Je n'ai donc qu'à faire des soustractions les unes après les autres, et je compterai ensuite combien j'en aurai fait. Leur nombre sera juste le nombre des pommes.

Et, enchanté de son idée, il commença sur-le-champ à la mettre à exécution.

$$688$$
$$8$$
$$\overline{}$$
$$680$$
$$8$$
$$\overline{}$$
$$672$$
$$8$$
$$\overline{}$$
$$....4$$

— Mais, malheureux, s'écria Pinchinette en lui arrachant le charbon des mains, tu vas nous tenir là plus d'une heure! Cherchons ensemble un moyen qui ne soit pas si long.

Nous avons là 688 tocars, n'est-ce pas? C'est le produit de toute la vente.

Pour chaque pomme vendue, il y a là-dedans 8 tocars. C'est convenu.

Pour chaque dizaine de pommes, 8 dizaines de tocars. Cela va de soi.

Pour une centaine de pommes, il nous faudrait par conséquent 8 centaines de tocars.

Tu n'as que 6 centaines. Tu n'as donc pas vendu 1 centaine de pommes.

Changeons ces 6 centaines en dizaines. Avec les 8 dizaines qui viennent ensuite, cela fera 68 dizaines.

Autant de fois 8 sera contenu dans 68, autant tu auras vendu de dizaines de pommes. C'est clair, puisque chaque dizaine de pommes vendues est représentée sur ton fil par 8 dizaines de tocars.

Regardons sur mon tableau.

8 fois 8 font 64, et si nous retirons 64 de 68, il ne restera plus que 4.

Donne-moi ces 64 dizaines de tocars, c'est-à-dire 640, et mettons d'abord que tu as vendu 80 pommes. Il y a là juste le prix de 8 dizaines de pommes.

Il nous reste maintenant 4 dizaines de tocars, ou 40. Avec les 8 qui viennent ensuite, cela fait 48.

Autant de fois 8 sera contenu dans 48, autant de pommes tu auras vendues.

Que dit le tableau?

6 fois 8 font 48.

Donne-moi les 48 tocars; c'est juste le prix de 6 pommes.

Il ne te reste plus rien, et je sais que tu as vendu 86 pommes : notre compte est réglé. Je t'en avais donné 100. Fais la soustraction. Tu m'en dois encore 14.

Partageur n'avait rien à dire; pourtant, il lui en coûtait de s'avouer vaincu.

— Avec un petit nombre comme celui-là, dit-il, on peut encore s'en tirer. Mais si j'avais

vendu mes 2.775 pommes, comme Ramasse-
Tout le supposait pour lui-même tout à l'heure,
comment ferais-tu pour te débrouiller des
22.200 tocars?

— Rien de plus simple. Puisque tu as suivi
notre opération, tu as pu voir que les 22,200 se
composaient :

De 40, produit de la vente des 5 pommes;

De 560, produit de la vente des 7 dizaines de
pommes;

De 5.600, produit de la vente des 7 centaines
de pommes;

Et de 16.000, produit de la vente des 2 mille
pommes.

Je vais en retirer successivement le produit
de la vente des mille, des centaines, des dizaines et des unités, et je retrouverai tout tranquillement 2.775.

2, le chiffre des dizaines de mille de tocars,
ne contient pas 8. Je vois déjà qu'il n'y aura

pas de dizaines de mille au nombre des pommes.

Je change les dizaines de mille en mille, et, avec les 2 qui suivent, j'ai 22 mille.

En 22, 8 n'est contenu que 2 fois, ce qui fait 16, et il reste 6 mille.

On a donc vendu d'abord 2 mille pommes qui ont produit 16.000 tocars.

Écrivons d'une part.   16.000 et de l'autre 2.000

Les 6 mille qui restent, ajoutés aux 2 centaines, font 62 centaines.

En 62, 8 est contenu 7 fois pour 56, et il reste 6 centaines.

On a donc vendu 7 centaines de pom-

A reporter. . .   16.000   2.000

Report. . . 16.000   2.000

mes qui ont produit
56 centaines de to-
cars.

Écrivons d'une part.   5.600 et de l'autre   700

Les 6 centaines
qui restent nous don-
nent 60 dizaines aux-
quelles il n'y a rien
à ajouter, puisque
nous trouvons 0 au
rang des dizaines.

En 60, 8 est en-
core contenu 7 fois
pour 56, et il reste
4 dizaines.

On a donc vendu
7 dizaines de pom-
mes qui ont produit

A reporter. . . 21.600   2.700

Report. . . 21.600   2.700

56 dizaines de to-
cars.

Écrivons d'une part.   560 et de l'autre   70

Avec les 4 dizai-
nes qui restent, nous
aurons juste 40 uni-
tés, puisqu'il y a 0
au rang des unités.

40 contient 8 juste
5 fois.

On a donc vendu
5 pommes qui ont
produit 40 tocars.

Écrivons d'une part.   40 et de l'autre   5

Maintenant, addi-
tionnons, et nous
trouverons d'une
part. . . . . 22.200 et de l'autre 2.775

J'ai donc 2.775 pommes dont la vente a produit les 22.200 tocars dont tu me parlais; et, si je veux m'assurer que je ne me suis pas trompée, je n'ai qu'à multiplier 2.775 par 8, nombre de tocars que chaque pomme a produit. Tu sais d'avance ce que je trouverai.

— Sais-tu bien, toi, Pinchinette, s'écria Ramasse-Tout avec des larmes dans les yeux, que tu n'es plus aussi amusante qu'au commencement?

Le pauvre garçon aurait mieux fait de ne pas parler.

—Tais-toi! lui cria Partageur indigné. N'as-tu pas honte de venir ainsi nous déranger au milieu d'une opération si utile et si bien imaginée! Si tu n'es pas capable de cinq minutes d'attention, va jouer avec tes boîtes et tes paniers, et laisse-nous travailler. Je veux apprendre quelque chose, moi!

— A la bonne heure! reprit Pinchinette; voilà

qui est parler en brave petit homme. Pour te récompenser, je veux te montrer à faire ton opération d'une manière plus simple.

Elle écrivit :

<pre>
22.200 | 8
  16 |————
  —— | 2.775
  62
  56
  ——
  60
  56
  ——
  40
  40
  ——
  00
</pre>

— Regarde bien. Tu vas retrouver là tout ce que nous venons de faire. J'ai fait descendre une grande ligne, à partir de 22.200, pour tenir à part tous les nombres que nous avons à en retirer l'un après l'autre, et j'ai tiré une barre sous le 8, pour le séparer de 2.775, nombre que nous avons à trouver.

As-tu remarqué que de 2.775 nous avons eu d'abord le chiffre des mille, puis celui des centaines, puis les dizaines, puis les unités? Ce n'est donc pas la peine d'écrire : 2.000, puis 700, puis 70, puis 5, et d'additionner tout cela. Écrivons : 2 d'abord, tout simplement, et les trois chiffres qui viendront après nous feront bien voir que ce 2 là représente des mille. Ecrivons : 7, et les deux chiffres suivants nous montreront bien que celui-là représente des centaines, puisque, grâce à eux, il se trouvera au troisième rang. De même pour le 7 des dizaines que le 5 des unités viendra maintenir à son rang. De cette façon-là, nous trouvons 2.775, sans tant user notre charbon, et sans avoir besoin de tant de place pour faire notre opération.

D'un autre côté, à quoi bon écrire à part 16.000, puis 5.600, puis 560, puis 40. Si j'écris 16 au-dessous des mille, dans le même rang, je verrai bien qu'il s'agit de 16 mille, et de plus j'aurai l'avantage de pouvoir faire sur place la soustraction. Le 6 qui reste est bien évidemment 6 mille, puisqu'il est sous le rang des mille, et quand j'écris à côté : 2, le chiffre des centaines, je vois tout de suite que j'ai 62 centaines, puisque le 2 est sous le rang des centaines. Je fais le même raisonnement pour les dizaines et les unités, et il est assez clair, à la fin, que les quatre nombres, retirés l'un après l'autre, font ensemble 22.200, puisque, quand j'ai retiré le dernier, il ne reste plus rien du tout.

Qu'est-ce que tu dis de tout cela?

— Je m'imagine bien que tu dois avoir raison; mais il faudra me laisser revoir cela à moi tout seul. Il y a beaucoup de choses à la fois là-dedans. Tu comprends qu'elles ne peuvent pas se loger dans la tête du premier coup.

— A ton aise, mon petit Partageur. Je vois que tu es un bon garçon et que tu aimes à te rendre compte des choses. Cela me fait plaisir pour toi. As-tu encore quelque chose à me demander?

— Dame! jusqu'à présent tu as donné un nom à toutes les opérations; celle-là devrait avoir aussi le sien. Il me semble qu'elle le mérite bien.

— Eh bien! nous l'appellerons la DIVISION, puisqu'elle consiste à partager, à *diviser* un nombre en autant de parties qu'un autre nombre contient d'unités. Ici, par exemple, nous avons divisé 22.200 par 8, et nous avons trouvé 2.775, qui y est contenu huit fois, juste autant qu'il y a d'unités dans 8.

Je me suis amusée tout à l'heure à faire pour ton frère des noms latins : tu en auras aussi.

22.200 s'appellera le *dividende*, parce que c'est le nombre qui est divisé.

8 sera le *diviseur*, parce que c'est le nombre qui divise.

2.775 sera le *quotient*.

— Ah bien ! celui-là est encore plus drôle que les autres.

— Il vient du mot latin *quoties*, qui veut dire : combien de fois ?

Qu'est-ce que tu cherchais quand je t'ai arrêté dans tes soustractions ?

Combien de fois 8 était contenu dans 688.

C'était déjà un peu long. Mais avec 22.200, dis-moi un peu ce que tu serais devenu ? Je te conseille de me remercier : tu aurais eu à faire 2.775 soustractions !

CHAPITRE VIII.

— Enfin! soupira Ramasse-Tout, j'espère que vous y avez mis le temps!

— Tu es un égoïste! répliqua vivement Partageur. Je n'ai rien dit, moi, pendant que l'on faisait ton opération, qui a été encore plus longue; et la mienne n'a pas pris bien sûr trop de temps pour ce qu'elle vaut. Elle est bien plus belle que la tienne.

— Peut-on dire cela, par exemple! La multiplication est bien plus belle que la division : elle n'est pas si entortillée. Après cela, tu auras beau dire, qu'elles soient belles toutes les deux tant qu'elles voudront, c'était plus amusant au commencement. On avait sous les yeux ce que l'on faisait, et l'on comprenait mieux.

— Oh! tête paresseuse! s'écria en riant Pinchinette. A quoi sert donc d'avoir une intelligence dans la tête, si l'on ne peut comprendre que ce que l'on a sous les yeux? C'est juste ce que dirait ton âne, s'il pouvait parler.

Mais voyons, puisque tu regrettes mon ancienne manière, nous allons recommencer avec les sacs et les boîtes.

Prenons chacun 5 pommes, 4 sacs et 6 boîtes.

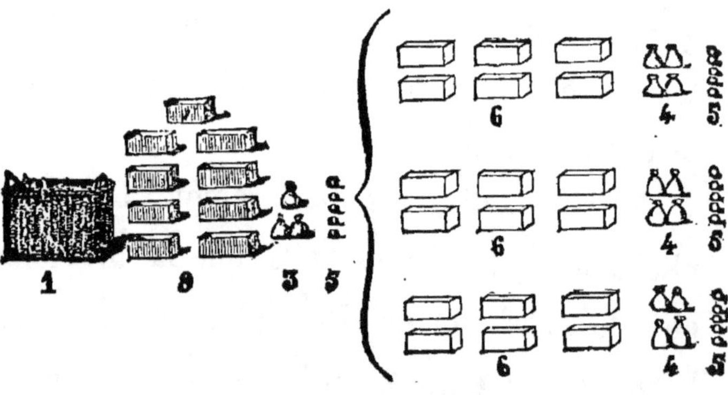

Voilà maintenant nos trois parts bien alignées. Tu es content; tu les vois.

Il y a là 3 lignes contenant chacune 645 pommes. Il s'agit de voir combien feront 3 fois 645 pommes.

3 est le multiplicateur, 645 le multiplicande; le nombre que nous allons trouver sera le produit.

3 fois 5 font 15. Je commence par mettre en place les 5 pommes, et j'ai de quoi faire 1 sac que je garde dans la main.

3 fois 4 font 12. Avec le sac de tout à l'heure, nous avons, à nous trois, 13 sacs, c'est-à-dire 3 sacs et 1 boîte. Mettons les 3 sacs à côté des 5 pommes, et gardons la boîte.

3 fois 6 font 18. Une boîte de plus, cela fait 19. Voilà 9 boîtes qui vont aller à côté des trois sacs, et les 10 autres feront un panier.

Qu'avons-nous en tout? 1 panier, 9 boîtes, 3 sacs et 5 pommes.

Vous savez comment cela s'écrit :

1.935.

Voilà le produit de la multiplication de 645 par 3.

Es-tu satisfait?

— Tu es vraiment trop complaisante, chère Pinchinette. Si j'oublie cela maintenant, je te permets de me gronder.

— Et la division? dit Partageur, qui était jaloux des droits de son opération, est-ce qu'on pourrait aussi la faire de cette façon-là?

— Certainement. Tu vois ces 1.935 pommes que je viens de réunir, amusons-nous maintenant à les partager entre nous trois.

1.935 sera le dividende, 3 le diviseur. Le nombre des pommes qu'aura chacun de nous sera le quotient.

Il n'y a qu'un panier. Il ne faut pas être bien malin pour voir que nous ne pouvons pas en avoir chacun un.

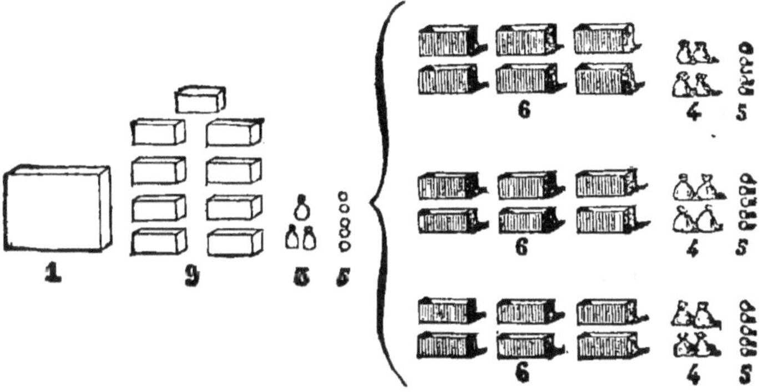

Le panier vidé de ses boîtes, nous avons 19 boîtes. 3 fois 6 font 18. Partageons 18 boîtes entre nous trois, nous en aurons chacun 6, et il en restera une.

Cette boîte-là vidée de ses sacs, nous avons 13 sacs. 3 fois 4 font 12. Partageons 12 sacs entre nous trois, nous en aurons chacun 4, et il en restera un.

Ce sac-là vidé de ses pommes, nous avons 15 pommes. 3 fois 5 font 15. Nous aurons juste chacun 5 pommes, et il ne restera plus rien.

Notre division est faite. Le tas de 1.935 pommes a complétement disparu, et nous en avons chacun 645. C'est là notre quotient.

— Bravo! Pinchinette, dit Partageur en se frottant les mains de plaisir. Maintenant c'est tout à fait clair pour moi. Mais nous t'avons gardée assez longtemps. C'est le moment de nous mettre en route, si nous voulons arriver dans les maisons avant l'heure du dîner. Je suis pressé de raconter aux gens tout ce que nous savons faire, grâce à toi. J'en connais qui vont ouvrir de grands yeux.

Les deux garçons embrassèrent tendrement leur sœur, qui reprit le chemin de la demeure de sa marraine, la figure un peu rouge, pour dire la vérité, car vous pouvez penser qu'elle avait fait joliment travailler sa tête depuis qu'elle était avec ses frères. Mais comme il arrive toutes les fois qu'on a bien travaillé, elle se sentait légère comme une plume. La chanson des petits oiseaux lui donnait des envies de danser. Les fleurs du chemin lui semblaient plus belles et sentaient meilleur que jamais. Tout lui riait autour d'elle, comme au fond de son cœur; et les passants qui la rencontraient ne pouvaient s'empêcher de dire, en se retournant pour la suivre du regard : « Voilà une petite fille qui est bien heureuse. »

CHAPITRE IX.

Partageur était dans un enthousiasme qui ne
tarda pas à se communiquer à son frère, malgré
les impatiences qu'il avait eues à la fin. Le sou-
venir des fatigues et des ennuis de la leçon s'é-
vanouit comme par enchantement dès que Ramasse-Tout se sentit la hotte sur le dos, et ce
qu'il avait appris lui restait. Nos deux petits
marchands de pommes partirent donc tout joyeux
pour aller faire leur tournée, et je dois dire
qu'ils ne vendirent guère ce jour-là. Ils par-
laient à tout venant des belles choses que leur
avait enseignées Pinchinette, et de tous les côtés

on les retenait pour leur faire répéter les explications.

Bientôt il ne fut bruit dans tout le pays que de ces merveilleuses inventions. Les gens s'arrêtaient dans les rues, et se communiquaient la nouvelle. C'était une allégresse universelle, tout comme si l'on eût gagné une grande bataille, et de fait on venait de gagner une grande bataille, une bataille contre l'ignorance, le pire ennemi qu'on puisse avoir. Aujourd'hui, les petits enfants qui ne savent pas encore l'arithmétique ne s'en aperçoivent pas beaucoup, parce que leurs parents la savent pour eux, et font tous les comptes qui sont nécessaires dans la maison. Mais dans ce temps-là, avant l'invention de l'arithmétique, on était bien malheureux. Quand il y avait quelque chose à compter, il fallait compter sur ses doigts, avoir tout sous les yeux, mettre de côté ce que l'on prenait, juger à vue d'œil la plupart du temps. Quand il y avait trop d'objets réunis à la fois, on s'embrouillait bien souvent, et personne n'était sûr de ce qu'il faisait. Les plus hardis en imposaient aux autres, et l'on ne savait pas de moyen pour leur prouver qu'ils avaient trompé. Vous avez pu en juger par ce qui était arrivé aux deux garçons avec leurs pommes.

Tous ces inconvénients disparaissaient, grâce à l'esprit de Pinchinette. Mais comme on ne la voyait pas, il était à peine question d'elle, et toute la gloire fut pour Ramasse-Tout et Partageur, dont le nom vola dans la journée, de bouche en bouche, jusqu'aux extrémités du pays. Le roi, comme on peut bien le penser, ne fut pas un des derniers à être instruit de ce qui se passait, et immédiatement il envoya son premier ministre, avec ordre de lui amener sur-le-champ les petits garçons qui faisaient tant parler d'eux. Plus que tout autre, il avait eu l'occasion de gémir sur l'impossibilité de faire des comptes exacts. C'était un très-bon roi qui aimait beaucoup à s'occuper de ses sujets, et il n'en avait pas moins de 26.746, comme il ne tarda pas à le savoir, car le lendemain on les compta, et l'on écrivit leur nombre d'après la nouvelle méthode de Pinchinette. Jusque-là il avait su seulement qu'il en avait beaucoup.

Dès que Ramasse-Tout et Partageur furent arrivés dans le palais, le roi fit ranger toute la cour sur des bancs dans la grande salle du trône, et lui-même se plaça sur le premier banc, avec la reine et son fils Oscar, qui allait bientôt avoir douze ans. On apporta un beau tableau noir qui servait de registre au ministre des finances, pour tenir note, au moyen de barres faites avec de la craie, de toutes les pièces d'argent qui entraient dans sa caisse ou en sortaient; et vous pouvez juger quel travail c'était pour lui. Tout le monde était bien attentif, car le roi avait promis le grand cordon de son ordre du Serpent-Gris à celui des courtisans qui comprendrait le plus vite et le mieux.

Aussi l'on aurait entendu voler une mouche dans la salle quand nos deux garçons entrèrent, chacun un bâton de craie à la main. Ils expliquèrent ensemble la numération, l'un faisant les chiffres, l'autre les figures des sacs, boîtes et paniers; et cette première partie de la leçon fut saluée d'unanimes acclamations. Ensuite, chacun d'eux enseigna tour à tour à l'auguste assemblée les opérations qu'il regardait comme sa propriété, Ramasse-Tout l'addition et la multiplication, Partageur la soustraction et la division.

On les fit recommencer, car les courtisans avaient la tête dure, à ce qu'il paraît. Quand ils eurent enfin terminé, le roi s'étant tourné vers sa cour, et ayant demandé par trois fois qui se sentait de force à gagner la récompense promise, il aurait eu le chagrin de ne pouvoir la donner à personne si un marmiton des cuisines

royales, qui s'était faufilé par une porte entre-
bâillée, ne s'était présenté hardiment. Le petit
drôle s'embarrassa à la fin dans la division ;
mais il avait si bien dit tout le reste que le roi
l'embrassa devant toute la cour, le nomma son
secrétaire intime, et lui passa au cou, séance te-
nante, le grand cordon de l'ordre du Serpent-
Gris, qui lui descendait jusqu'au-dessous des genoux.

Je vous raconte tout cela pour vous faire bien
comprendre quel événement ce fut dans le pays
que l'invention de cette arithmétique dont les
enfants ont l'air quelquefois de faire fi. Pendant
quinze jours, on ne s'occupa que de cela dans
toutes les réunions. Les dames s'invitaient entre
elles à des soirées où l'on jouait à l'addition, à
la soustraction. Les fortes têtes du Cercle Aca-
démique exécutaient des multiplications et des
divisions devant toute une foule accourue pour
les voir, et des tonnerres d'applaudissements

s'élevaient autour des calculateurs, quand ils avaient mis la main sur un produit ou sur un quotient.

Je dois ici vous prévenir que mon Partageur, garçon de précaution, pour être plus sûr de ne pas se tromper dans sa grande opération, n'avait eu garde d'essayer des divisions en public sur les premiers nombres venus. Se rappelant la marche suivie par Pinchinette pour sa démonstration, il avait eu bien soin d'opérer toujours sur des produits obtenus à l'aide de multiplications faites auparavant, et qu'il divisait par l'ancien multiplicateur. De cette façon-là il savait d'avance quel serait son quotient, et naturellement ses divisions étaient toujours exactes. Il ne restait jamais rien après la dernière soustraction.

Les gens, habitués par lui à cette manière de faire, s'en contentèrent d'abord. Dans le premier feu de l'enthousiasme, on se pâmait devan les beautés de l'opération, sans lui demander à quoi elle pouvait servir. Faite ainsi, elle ne servait à rien en réalité, puisqu'elle ne donnait jamais qu'un nombre connu d'avance, et c'était affaire de curiosité pure de trouver par ce moyen-là ce qu'on tenait déjà. On devait finir par s'en apercevoir. Le premier qui murmura, et proposa d'essayer au hasard, fut tancé d'importance. On lui prouva clair et net qu'il n'était qu'un cerveau brûlé, et qu'il allait tout compromettre en rompant avec la tradition. Il se le tint pour dit, et n'en parla plus.

Enfin le roi, qui protégeait plus que jamais la nouvelle découverte, donna, un beau jour, une grande séance d'arithmétique dans son palais. Il ne se possédait plus de joie depuis qu'il connaissait, à un homme près, le nombre de tous ses sujets, et il promenait sa cour de fête en fête. Partageur et Ramasse-Tout parurent à celle-ci en habits tout chamarrés d'or et de dentelles, car c'étaient maintenant de gros personnages. Partageur portait sur lui une telle foule de décorations qu'elles s'entre-choquaient et faisaient un petit bruit quand il marchait. Quant à Ramasse-Tout, il n'en avait qu'une, mais c'était une plaque d'or, avec des rayons, qui lui couvrait toute la poitrine. De Pinchinette, on n'en parlait plus du tout.

Les deux héros de la fête s'avancèrent d'un pas majestueux vers le tableau noir, pour donner encore une fois les bienheureuses explications en faveur de quelques vieux courtisans qui n'étaient pas encore parvenus à tout saisir. M. le secrétaire intime se tenait respectueusement derrière eux, l'éponge à la main, prêt à s'élancer pour effacer les chiffres dont ils n'auraient plus besoin.

La séance commença, aussi intéressante que la première fois, car la curiosité publique semblait ne pouvoir se lasser. Cette séance ne fut

d'abord qu'un long triomphe pour les deux petits garçons ; mais un terrible affront les atten-
dait.

Partageur venait de terminer sa démonstration
capitale en divisant le produit d'une multiplication faite auparavant par son frère, et le dernier
chiffre du quotient était arrivé, comme toujours,
juste à point. On le saluait d'une triple salve
d'applaudissements, dont le roi lui-même avait
donné le signal. Lui s'inclinait modestement,
tout gonflé d'orgueil en dedans, et le petit Oscar
se disait tout bas qu'il aurait bien échangé sa
future couronne contre la gloire du grand petit
homme qu'il avait sous les yeux.

Tout à coup le ministre des finances se leva,
et prit la parole sans en demander la permission. Les mauvaises langues prétendaient qu'il
n'était partisan qu'à demi des nouveaux comptes,
dans lesquels il était trop facile de voir clair.
On se chuchotait à l'oreille que s'il avait moins

de peine avec eux, il n'avait plus autant de profit. Mais il faut se méfier un peu de tous ces bruits qui courent sur les gens en place : ils viennent bien souvent de ceux qui auraient envie d'avoir leur place. Nous aimons mieux croire que c'était l'amour du progrès qui le poussait.

— Gracieuse Majesté, dit le ministre des finances en faisant une profonde révérence du côté du bon roi qui lui rendit un petit salut, Gracieuse Majesté, il est temps, à mon humble avis, de faire servir à quelque chose d'utile l'admirable opération que nous venons tous d'applaudir. Nous sommes, dans cet heureux pays, 26.746 qui bénissons tous les jours le ciel de servir le meilleur des maîtres. Nous voudrions vous offrir un gage de notre reconnaissance pour l'immortelle découverte qui portera la gloire de votre règne à la postérité la plus reculée. Donnons chacun une misère, un tocar. Les pommes de ces enfants sublimes se vendent 8 tocars la pièce : que le seigneur Partageur divise hardiment 26.746 par 8, et qu'il nous dise combien nous pourrons déposer de pommes aux pieds de Votre Majesté.

Un sourd murmure accueillit cette audacieuse innovation. Tenter à l'aveuglette une division dont le quotient était inconnu ! ! ! Les amis de la tradition auraient bien voulu se récrier ; mais l'astucieux ministre des finances les avait mis dans un cruel embarras, en enveloppant sa perfide demande dans un hommage utile à la personne royale, et l'on n'osait trop lui faire une opposition qui aurait pu être mal interprétée.

Le monarque avait essayé d'abord un refus.

— En vérité, mon cher ministre, je n'ai qu faire de toutes ces pommes !

Mais on protesta aussitôt de tous les coins de la salle. La reine déclara que les pommes viendraient on ne peut mieux pour sa provision d'hiver, qui n'était pas encore faite. Oscar assura qu'il les connaissait déjà, et qu'elles étaient très-bonnes. Il fallut se résigner.

— Après tout, dit le bonhomme, un tocar par tête, c'est bien peu pour chacun, et pour moi cela fait un profit qui n'est pas encore à dédaigner. Mon petit ami Partageur va me faire cett division. Cela nous donnera peut-être du nouveau.

Et ce fut ainsi que le ministre des finances, en déboursant un tocar, eut l'honneur d'en donner 26.746 à son maître, qui ne lui en sut pas mauvais gré. Au contraire!

Partageur était devenu tout pâle en recevant l'ordre d'exécuter l'aventureuse entreprise. Il pressentait un danger, et il aurait bien voulu pouvoir s'en aller. Mais il n'y avait pas moyen de reculer. D'une main tremblante il promena la craie sur le tableau noir, et l'opération suivante se déroula sous les yeux de l'assemblée, qui la suivait avec une anxiété facile à comprendre :

$$
\begin{array}{r|l}
26.746 & 8 \\
24 & \\
\hline
 & 3.343 \\
27 & \\
24 & \\
\hline
34 & \\
32 & \\
\hline
26 & \\
24 & \\
\hline
2 & \\
\end{array}
$$

Fatalité ! il restait 2 ! !

L'opération n'était pas finie, et l'opérateur ne pouvait pas aller plus loin. Il était au bout de son rouleau.

CHAPITRE X.

LES FRACTIONS DÉCIMALES.

— Eh bien! dit le roi, qu'allons-nous faire de ces 2 tocars? Je ne voudrais pourtant pas les perdre. Il s'agit maintenant, mon garçon, de faire honneur à toutes les décorations que je t'ai données. Comment vas-tu t'y prendre?

Partageur se mit à pleurer.

— Je ne sais pas, dit-il. On ne m'en a pas appris plus long.

Et l'ingrat se souvenant alors de Pinchinette :

— Il n'y a que ma sœur, balbutia-t-il avec un pénible effort, il n'y a que ma sœur qui puisse nous tirer de là.

Vite et vite on attela les meilleurs chevaux du roi à son plus beau carrosse, et le grand écuyer en personne monta sur le siége. On ne pouvait pas s'en remettre à un cocher vulgaire d'une course aussi pressée. En moins de temps que vous ne sauriez l'imaginer, le carrosse était de retour, et pendant que les palefreniers s'empressaient autour des chevaux, blancs d'écume, Pinchinette sautait à terre avec la grâce et la légèreté d'un petit oiseau.

Les deux anciens marchands de pommes s'étaient précipités à sa rencontre, faisant danser les décorations et s'embarrassant les jambes dans les plis des beaux costumes. Elle éclata de rire en les apercevant.

— Eh! bon Dieu! s'écria-t-elle, comme vous voilà fagotés, mes pauvres garçons! Je ne vous savais pas devenus si grands seigneurs.

— Ah! Pinchinette, murmura Partageur, tu n'as pas le temps de te moquer de nous. C'est fait de nous et de notre fortune si tu ne viens pas à notre secours.

Et il lui raconta rapidement, avec une mine consternée, ce qui venait de se passer. Elle l'ignorait encore, car le grand écuyer, dans sa précipitation, n'avait pas pris le temps de lui rien expliquer.

— Je vais voir ce que l'on peut faire, dit tranquillement Pinchinette. Ne te bouleverse pas tant. Je suis sûre que ce ne sera pas difficile.

Elle entra dans la salle du trône sans avoir peur le moins du monde, mais en saluant si gentiment l'assemblée, qu'elle se gagna tous les cœurs à l'instant même. Le ministre des finances ne put lui-même s'empêcher de faire le plus gracieux de ses sourires.

Un voisin officieux glissa quelques mots à l'oreille du roi, et il fut bien étonné d'apprendre qu'il avait devant lui le véritable inventeur de toutes les belles choses qu'il glorifiait si bien dans la personne de deux écoliers. Il jura qu'on ne l'y prendrait plus. Mais que pouvait-il y faire? Les rois sont comme les autres : ils ne peuvent pas savoir ce qu'on ne leur apprend pas.

Cependant un silence religieux s'était établi. Pinchinette avait les yeux fixés sur ce malheureux 2 qui était venu là si mal à propos, et elle réfléchissait profondément.

— Sire, dit-elle enfin, ces deux unités sont dix fois plus faibles que les dizaines. Les dizaines sont dix fois plus faibles que les centaines, et cela va toujours ainsi jusqu'à l'autre bout des nombres. A mesure que l'on passe d'un chiffre à l'autre, en venant de celui qui est en tête, ils représentent toujours des quantités de dix en dix fois plus petites. On a dû vous expliquer cela.

Qui nous empêche de continuer de la sorte après l'unité?

Nous avons à diviser 2 par 8, ce qui paraît d'abord impossible. En voici le moyen.

Elle écrivit :

$$
\begin{array}{r|l}
20 & 8 \\
16 & \overline{} \\
\hline
 & 25 \\
40 & \\
40 & \\
\hline
00 & \\
\end{array}
$$

— Si nous partageons chacune de ces unités en dix parties, nous aurons 20 au lieu de 2; mais chacune des dix parties sera dix fois plus petite que l'unité, en d'autres termes sera un dixième de l'unité.

En 20, 8 est contenu 2 fois pour 16.

S'il s'agissait de 16 unités, 8 y serait bien réellement contenu 2 fois. Mais comme il s'agit seulement de 16 dixièmes d'unité, c'est-à-dire d'une quantité dix fois plus petite, il est facile de voir qu'il y est seulement contenu 2 dixièmes de fois, c'est-à-dire dix fois moins. — Nous écrivons 2 dixièmes au quotient.

Nos 16 dixièmes retranchés de 20, il en reste encore 4.

Si nous partageons chacun de ces 4 dixièmes d'unités en dix parties, comme dix fois dix font cent, nous aurons des centièmes d'unité, et nous en aurons 40.

40 contient 8 juste 5 fois, et par conséquent 40 centièmes le contiendront 5 centièmes de fois. — Nous écrivons au quotient les 5 centièmes à la suite des 2 dixièmes, et notre division est complète.

26.746 contient donc 8 d'abord 3.343 fois, pour lesquelles vous aurez, sire, 3.343 pommes.

Il le contient ensuite 2 dixièmes, 5 centièmes, ou mieux 25 centièmes de fois, pour lesquels vous aurez 25 centièmes de pomme.

— Oh! oh! dit le roi, qui était un peu comme Ramasse-Tout, et qui n'aimait pas à réfléchir trop longtemps; oh! oh! voilà qui me paraît un peu embrouillé!

Pinchinette aperçut deux belles galettes qu'un grand laquais apportait sur un plateau pour les besoins particuliers de la famille royale.

— Votre Majesté, dit-elle, serait-elle assez bonne pour désigner 8 personnes, et me permettre de partager entre elles ces 2 galettes?

Le roi se désigna lui-même d'abord, c'était trop juste; puis la reine et le petit prince; puis le ministre des finances, qui pour le moment était en faveur; puis Pinchinette et ses deux frères; et enfin, pour faire le huitième, il prit le secrétaire intime qui se trouvait là sous sa main. M. le secrétaire faisait les galettes quand il était marmiton, et maintenant il les mangeait. Voilà ce que c'est que de devenir savant!

Quand les choix eurent été faits, Pinchinette tira un petit couteau de sa poche, et partagea chacune des 2 galettes en dix parties. Il y en avait 20 par conséquent.

— Voyez, sire, dit-elle, nous avons là 20 dixièmes de galette. J'en mets 16 de ce

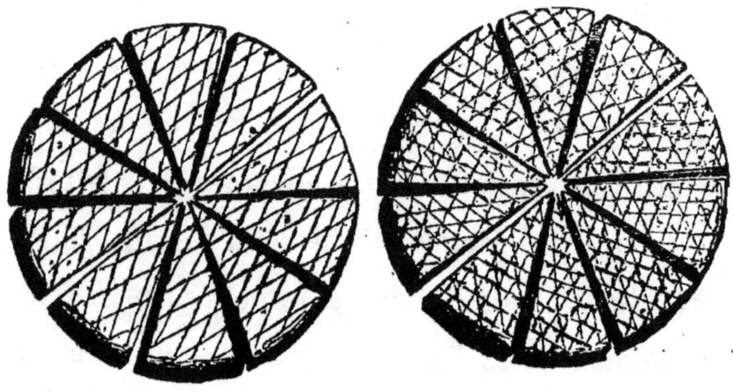

côté, et là-dessus nous en aurons chacun 2.

Elle coupa encore en dix chacun des 4 mor-

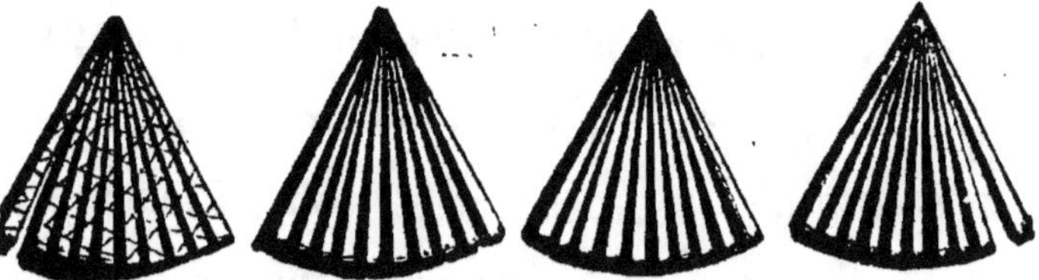

ceaux qui restaient, et elle eut ainsi 40 mor-

ceaux.

Prenant ensuite délicatement entre le pouce et l'index un des 40 morceaux :

— Regardez bien, continua-t-elle. Voici le centième d'une galette, puisqu'il en faut dix comme celui-là pour faire le dixième d'une galette. Nous en avons 40 de ces centièmes. Partageons-les entre nous, et nous en aurons chacun 5. Nous avons déjà 2 morceaux dont chacun vaut 10 de ces petits-là. C'est donc 25 centièmes de galette qui nous reviennent à chacun.

2 divisé par 8 a donc pour quotient 25 centièmes.

— Bravo ! fit le roi, et toute la cour répéta : bravo ! Il n'y eut qu'Oscar qui fit un peu la grimace, car il avait espéré d'abord être mieux partagé, les deux galettes ayant été apportées pour 3, et non pour 8. La reine essaya de le consoler en lui abandonnant sa part à elle; mais il n'y trouvait pas encore son compte. Elle finit par faire un signe au grand laquaïs, qui disparut avec son plateau.

Pendant ce temps-là, les autres faisaient fête à leurs 25 centièmes de galette, et le roi, frappant amicalement sur l'épaule de son ministre, le complimentait, la bouche pleine, sur la belle idée qu'il avait eue, et qui venait de faire faire à la science un si grand pas.

— Et maintenant, belle petite, dit-il à Pinchinette quand il eut avalé son dernier centième, remettons-nous au travail si tu le veux bien. Comment allons-nous écrire notre nombre de pommes?

— Comme je vous l'ai annoncé, sire, en mettant les nouveaux chiffres à la suite de celui des unités. Seulement, pour marquer la séparation, nous mettrons une virgule entre l'unité et les parties plus petites qu'elle qui la suivent.

Elle écrivit : 3.343,25.

— On pourra mettre après cette virgule autant
de chiffres que l'on voudra. Leur valeur ira toujours en diminuant de dix en dix, de même
qu'avant la virgule elle va toujours en augmen-
tant de dix en dix, à partir de l'unité.

Ainsi, à gauche de l'unité, qui est le point de
départ de tout le reste, nous avions des dizaines, des centaines, des mille, des dizaines de
mille, etc., c'est-à-dire des valeurs toujours dix
fois plus fortes. A droite de l'unité, nous aurons
des dixièmes, des centièmes, des millièmes, des
dix-millièmes, c'est-à-dire des valeurs toujours
dix fois plus faibles. C'est la virgule qui nous
avertira du point où les valeurs commencent à
monter d'un côté, à descendre de l'autre.

— Voilà qui est, ma foi! parfaitement imaginé, s'écria le bon roi en riant de plaisir, et
laissant voir une rangée de dents magnifiques,
qui paraissaient bien de taille à croquer les
3.343 pommes, et les 25 centièmes avec.

Et, après un moment de réflexion :

— Ah! çà, dit-il, je vois que tout repose sur cette virgule. Et qu'arriverait-il, ma mignonne, si l'on avait le malheur de se tromper de place en la mettant? Sais-tu bien qu'ensuite on ne s'y reconnaîtrait plus du tout?

— Pardonnez-moi, sire, on pourrait toujours s'y reconnaître. Si l'on avait avancé la virgule d'un rang vers la gauche, le nombre serait devenu dix fois plus petit; si de deux rangs, il serait devenu cent fois plus petit, et toujours comme cela jusqu'au premier chiffre. Si l'on avait reculé la virgule d'un rang vers la droite, le nombre serait devenu dix fois plus grand; si de deux rangs, il serait devenu cent fois plus grand, et toujours ainsi jusqu'au dernier chiffre.

Et, maintenant que j'y pense, ce sera même une manière très-commode de multiplier ou de diviser, d'un coup de craie, un nombre par 10,

100, etc. Pour le multiplier par 10, reculez la virgule d'un rang ; pour le diviser par 10, avancez la virgule d'un rang : le tour est fait.

Voyez ceci : **33.432,5.**

Vous avez dix fois plus de pommes.

Et ceci : **334,325.**

Vous avez dix fois moins de pommes.

— Ah ! oui-dà ! petite sorcière. Et comment nous prouveras-tu cela ?

— Dans le premier cas, vos unités sont devenues des dizaines : elles sont dix fois plus fortes.

Dans le second cas, elles sont changées en dixièmes : elles sont dix fois plus faibles.

Comme dans les deux cas, tous les autres rangs ont avancé ou reculé du même pas que les unités, ils sont tous uniformément dix fois plus forts ou dix fois plus faibles. Toutes les parties du nombre ayant grandi ou diminué dix fois en même temps, le nombre entier est bien forcé d'en avoir fait autant.

— Je suis content de toi, mon enfant; tu as réponse à tout. Je ne te demanderai plus qu'une chose : comment faudra-t-il nommer ces nombres que tu viens d'inventer, et qui sont placés après la virgule?

Pinchinette chercha un moment dans sa tête.

— Quand j'étais petite, dit-elle enfin, je me suis un jour cassé le bras, et je me rappelle que le médecin appelait cela une *fracture*.

Eh bien! ici, nous avons cassé l'unité en morceaux, et ces morceaux-là en d'autres plus petits. Nous appellerons donc nos nouveaux nombres des *fractions*, et comme les morceaux vont toujours de dix en dix en se fractionnant, nous dirons FRACTIONS DÉCIMALES.

Tout le monde ici sait bien sûr le latin; aussi, je n'ai besoin d'apprendre à personne qu'en latin *decimus* veut dire *dixième*.

— C'est entendu, dit le roi; nous savons tous
le latin. D'ailleurs, ceux qui ne connaissaient pas
tout à l'heure ce *decimus,* si par hasard il y en
a ici. ceux-là le connaissent maintenant.

CHAPITRE XI.

LES FRACTIONS ORDINAIRES.

En ce moment, on vit rentrer le grand laquais avec son plateau, sur lequel il y avait deux autres galettes.

— Bonne idée! dit en riant le monarque, qui se sentait en belle humeur. Voici de quoi faire encore une division!

Oscar se leva précipitamment.

— Papa, s'écria-t-il, nous connaissons déjà la division de 2 par 8. Je voudrais bien voir la division de 2 par 3. Si tu faisais partager ces deux galettes-là entre nous trois?

— Comme tu voudras, mon bijou. Je suis bien aise de voir que tu aimes à t'instruire.

Allons, chère petite, essayons cette division-là.

Pinchinette réfléchit, et, contre son habitude, elle parut inquiète.

— Avec votre permission, sire, dit-elle enfin, j'essayerai la division sur une seule galette. Si elle ne réussit pas, nous verrons à faire autrement avec l'autre.

Elle prit donc une galette qu'elle coupa en dix morceaux. Elle donna trois morceaux au roi, trois à la reine, trois au petit prince, ce qui faisait neuf. Il lui en resta un.

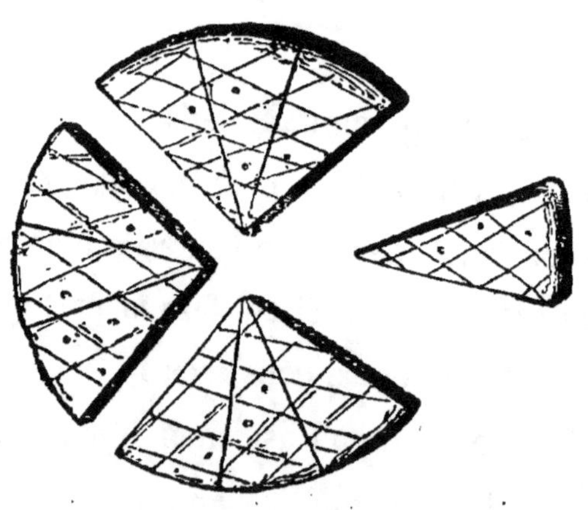

Ce morceau coupé à son tour en dix autres, les trois personnes royales en eurent encore trois chacune. Il en resta encore un.

— Voilà ce que je craignais, s'écria-t-elle. Nous pourrions couper comme cela jusqu'à demain matin : il nous restera toujours un morceau.

Tenez, voilà notre division sur le tableau.

Et laissant les galettes pour prendre la craie, elle écrivit :

$$
\begin{array}{r|l}
10 & 3 \\
9 & \\ \hline
 & 0,3333... \\
10 & \\
9 & \\ \hline
10 & \\
9 & \\ \hline
10 & \\
9 & \\ \hline
1 &
\end{array}
$$

— Trois dixièmes, trois centièmes, trois millièmes, trois dix-millièmes !... Nous n'en verrons
jamais la fin. Il faut trouver autre chose.

— Un mot, avant d'aller plus loin, interrompit le roi. Pourquoi as-tu mis là un zéro avant ta
virgule ?

— La virgule doit venir après le rang des
unités, et nous n'avons pas d'unités au quotient,
puisque 1, chiffre d'unité au dividende, ne contient pas le diviseur 3. Il fallait un zéro pour

remplir la place vide. Vous savez bien que c'est le métier du zéro.

— C'est juste. Mais cela ne nous aide pas à sortir de notre division. Comment vas-tu te tirer de là, ma pauvre fille?

— Ah bien! je suis bonne! fit tout à coup Pinchinette avec un petit éclat de rire qu'elle ne put réprimer à temps. Je vais chercher bien loin ce qui est tout près.

Et reprenant son couteau, elle partagea la seconde galette en trois morceaux.

— Voilà! dit-elle. Vous en aurez chacun un tiers.

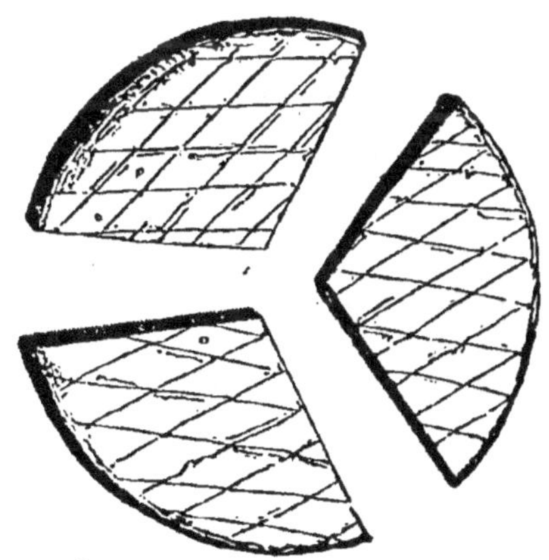

— Si c'est là toute ton invention, je l'aurais bien trouvée moi-même. Avec une galette, c'est bien facile! Mais si tu avais eu les deux, comment aurais-tu fait?

— Je les aurais coupées toutes les deux en trois morceaux, et vous auriez eu chacun deux tiers.

— Tiens, tiens, tiens! Mais à ce compte-là nous aurions bien pu en faire autant tout à l'heure avec notre division par 8?

— Votre Majesté a bien raison. On peut achever comme cela toutes les divisions, quels que soient le reste et le diviseur.

Supposons, par exemple, qu'on partage 11 galettes entre 6 personnes.

En 11, 6 est contenu une fois, et il reste 5.

On partage chacune des 5 galettes en autant de morceaux qu'il y a de personnes, c'est-à-dire en 6; et chacune des personnes prend autant de morceaux qu'il y avait de galettes, c'est-à-dire 5.

Tenez, voici comment j'écrirais cette division-
là :

$$
\begin{array}{r|l}
44 & 6 \\
6 & \overline{} \\
\hline
5 & 1\ \frac{5}{6}
\end{array}
$$

Comme vous le voyez, cette fraction-là n'est
autre chose que le reste de la division qu'on
écrit en haut, et le diviseur qu'on écrit en bas.

Le 5, qui est en haut, indique combien chaque
personne a de morceaux. Je l'appellerai le *numérateur*. En latin, *numerare* veut dire *compter*.
Il indique le compte des morceaux.

Le 6, qui est en bas, indique en combien de
morceaux chaque galette a été partagée. Je l'appellerai le *dénominateur*. En latin, *denominare*
veut dire *nommer*. Il indique le nom des morceaux, si ce sont des demis, des tiers, des quarts,
des cinquièmes, etc.

Ici nous avons des sixièmes, et voilà notre quotient :

Une galette et cinq sixièmes.

Ce sera la part de chacune des six personnes

— Dans ce cas-là, dit le roi, qui écoutait de toutes ses forces, au lieu d'avoir 25 centièmes de pomme pour mes 2 tocars, j'en aurais 2 huitièmes. J'aime mieux cela. Les morceaux sont plus gros, et il me semble que j'y ai plus de profit.

— C'est absolument la même chose, reprit Pinchinette.

Dans le premier cas, la pomme est partagée en 100 morceaux, et vous en avez 25.

Dans le second cas, elle est partagée en 8 morceaux, et vous en avez 2.

25 est le quart de 100. 2 est le quart de 8. D'une façon comme de l'autre, c'est toujours le quart d'une pomme que vous avez.

— Vois-tu, maman, dit là-dessus Oscar à la

reine, tout à l'heure sur les deux galettes je n'avais qu'un quart de galette, et cette fois, sur une seule, j'ai eu un tiers. Tu vois bien que, même avec ta part, je n'avais pas encore mon compte, car cela m'a fait deux quarts, et j'aurais eu deux tiers.

— Tu n'y as pas perdu beaucoup, cher petit. La différence n'est pas bien grande.

Mademoiselle Pinchinette, continua la reine en s'adressant à la petite fille, pourriez-vous nous dire quelle est la différence entre deux tiers et deux quarts?

— C'est une soustraction que vous me demandez là, madame. Laissez-moi y réfléchir un instant.

Pour y voir plus clair, je veux écrire d'abord les deux fractions.

$$\frac{2}{3} \qquad \frac{2}{4}$$

Rendons-nous bien compte de notre affaire.

Avec deux fractions qui auraient le même dé-'nominateur, la soustraction serait bientôt faite. On retrancherait le numérateur de la plus faible du numérateur de la plus forte. Et de même, si l'on voulait additionner. On n'aurait qu'à réunir ensemble les numérateurs. C'est ce que vient de faire tout naturellement Son Altesse le prince Oscar. Il a vu tout de suite qu'un quart et un quart, cela fait deux quarts; qu'un tiers et un tiers, cela fait deux tiers.

Mais pour faire ces deux opérations-là, il est indispensable que les fractions aient le même dénominateur. On ne peut pas plus soustraire 2 quarts de 2 tiers, qu'on ne peut additionner ensemble 3 pommes et 6 chiens. Que ce soit des tiers, des quarts, des chiens, des pommes, il faut toujours opérer sur des choses de même nature.

Nous voilà donc forcés de réduire $\frac{2}{3}$ et $\frac{2}{4}$ au même dénominateur, sans rien changer, bien entendu, à la valeur de chaque fraction. Comment faire?

Elle regarda quelques instants ses deux fractions; puis se frappant joyeusement la tête :

— J'ai trouvé, dit-elle. Il s'agissait seulement de faire attention à deux choses.

D'abord il est bien clair que si je multiplie à la fois le numérateur et le dénominateur d'une fraction par un nombre quelconque, 4 par exemple, elle ne changera pas de valeur, puisque d'une part j'aurai 4 fois plus de parties, et que de l'autre elles seront 4 fois plus petites, l'unité se trouvant partagée en un nombre de parties 4 fois plus grand.

Faisons cette opération-là sur $\frac{2}{3}$; nous aurons $\frac{8}{12}$, qui représente exactement la même quantité.

Vous devez vous rappeler ensuite qu'il a été convenu, quand on vous a montré la multiplication, que 3 multiplié par 4, et 4 multiplié par 3, cela revenait absolument au même, et qu'on avait nécessairement le même produit.

Multiplions maintenant de la même manière les deux parties de $\frac{2}{4}$ par 3, nous aurons $\frac{6}{12}$ qui a exactement la même valeur.

Qu'avons-nous fait là?

Nous avons multiplié les deux nombres de chaque fraction par le dénominateur de l'autre, 2 et 3 par 4, 2 et 4 par 3. De cette façon-là les deux dénominateurs ont été multipliés deux fois l'un par l'autre, et l'on devait avoir nécessairement deux fois le même produit.

C'est bien aussi ce qui est arrivé.

Au lieu de $\frac{2}{3}$ et $\frac{2}{4}$ qu'on ne pouvait soustraire l'un de l'autre, nous avons maintenant $\frac{8}{12}$ et $\frac{6}{12}$ avec lesquels la soustraction est bien facile.

Retranchons 6 de 8, il reste 2.

Malgré votre générosité, madame, Son Altesse le prince Oscar a perdu deux douzièmes de galette à la division que j’avais proposée.

—Deux douzièmes, c’est beaucoup ! murmura le prince Oscar.

— C’est un sixième. Nous pouvons nous servir ici de la division, comme tout à l’heure de la multiplication. En divisant les deux nombres, ou, si vous voulez, les deux termes d’une fraction par le même nombre, nous n’en changeons pas la valeur.

Ainsi $\frac{1}{6}$, qui représente 2 et 12 divisés chacun par 2, a juste la valeur de $\frac{2}{12}$.

En effet, au lieu de deux morceaux de galette, nous n’en avons plus qu’un, c’est vrai ; mais aussi la galette, au lieu d’être coupée en douze, n’est plus coupée qu’en six, et il est bien évident que notre nouveau morceau vaut les deux anciens, puisque si l’on coupait chacun des six morceaux en deux, cela en ferait douze. Un sixième vaut donc deux douzièmes.

Oscar, qui se dépêchait d’achever sa dernière

bouchée de galette, fit signe de la tête qu'il avait compris, et il tirait déjà la robe de sa maman pour se faire emmener.

— Attendez un moment, dit Pinchinette, en vous parlant de multiplication et de division, je viens de m'apercevoir d'une chose.

Pour multiplier une fraction par un nombre, supposons 3, on peut indifféremment multiplier son numérateur, ou diviser son dénominateur par 3.

Dans le premier cas, on a 3 fois plus de parties ; dans le second, elles deviennent 3 fois plus grandes.

Pour diviser une fraction par 3, il est également indifférent de diviser son numérateur, ou de multiplier son dénominateur par 3.

Dans le premier cas, on a 3 fois moins de parties ; dans le second, elles deviennent 3 fois plus petites.

Je crois qu'il est bon d'en prendre note. Cela pourra nous servir par la suite.

— Votre Majesté désire-t-elle que nous cherchions autre chose? continua Pinchinette en se tournant du côté du roi qui commençait à bâiller.

— Non, chère petite, répondit-il en se secouant un peu. A chaque jour suffit sa peine. Je trouve que c'est assez pour aujourd'hui. Nous savons maintenant ce que c'est que ces fractions. Le reste viendra plus tard, au fur et à mesure que nous en aurons besoin.

Là-dessus il se leva, car il se sentait les jambes tout engourdies par une aussi longue séance, et toute l'assemblée en fit autant.

La reine vint embrasser Pinchinette qui se vit entourée en un clin d'œil par tous les courti-sans, chacun l'accablant de tant de compliments qu'elle en était devenue toute rouge, et ne savait plus quelle contenance garder.

Le roi, voyant son embarras, la prit par la

main, et l'emmena dans une embrasure de fe-
nêtre, où personne n'osa les suivre.

— Écoute, mon enfant, lui dit-il du ton le
plus paternel, je te dois une récompense pour
tout ce que tu viens de nous apprendre. Quelle
place veux-tu à ma cour? Parle, tu peux choisir; et si tu en demandes une qui n'existe pas,
on la fera pour toi.

— Sire, je n'en demande aucune, répondit
Pinchinette. Je suis trop heureuse chez ma marraine. Mais si vous voulez me faire bien plaisir,
rendez-moi mes deux frères que vous avez fait
habiller si drôlement. Je les connais; ils n'ont
pas la tête forte; ils finiraient par la perdre au
milieu de tout ce monde-là.

Heureusement pour la hardie petite fille que
personne n'avait pu l'entendre, car je ne sais
pas trop ce qui aurait pu se passer. L'admiration, et même un certain respect qu'elle
inspirait au roi, la protégèrent aussi contre la

bouffée de colère qui lui était montée au nez.

— Tous ces gens d'esprit sont les mêmes, grommela-t-il dans sa barbe. Ils sont d'une fierté qui est vraiment ridicule.

Puis, prenant son parti en brave :

— Emmène tes frères, mon enfant, continua-t-il d'une voix radoucie. Puisque tu ne veux pas d'autre récompense, je ferai mettre une belle page pour toi dans l'histoire de mon règne. Tu peux y compter.

Pinchinette partit donc avec ses frères, et la page qu'on lui avait promise lui fut donnée assurément. Par grand malheur toute l'histoire du règne a été perdue depuis, si bien qu'on ne sait plus même le nom du roi : c'est pour cela que jusqu'à présent vous n'aviez jamais entendu parler de Pinchinette, la plus spirituelle petite fille qui ait jamais existé. Voyez à quoi elle se serait exposée si elle avait travaillé pour la gloire ! Mais comme elle ne demandait qu'à faire plaisir et

à être utile aux autres, elle a eu bien sûr la récompense qu'elle voulait, et nous ne la plain-
drons pas.

CHAPITRE XII.

LE SYSTÈME MÉTRIQUE.

Ramasse-Tout et Partageur étaient donc rentrés chez eux, marchands de pommes comme devant, et ils ne s'en trouvaient pas plus mal. Pinchinette avait repris possession de la gloire qui lui appartenait; mais cette gloire rejaillissait sur ses frères, qu'on traitait partout avec la plus grande considération. De plus, chose importante, à la suite de tout le bruit qui s'était fait à leur sujet, leur commerce prit un développement qu'on pouvait qualifier d'effrayant.

Les voyageurs et les marchands portèrent en peu de temps de contrée en contrée la renommée du verger magique et des pommes merveilleuses à propos desquelles l'arithmétique avait été inventée. Tout le monde voulut en goûter, autant par gourmandise que par curiosité, car on apprit en même temps qu'elles étaient très-bonnes; et des commandes de pommes tombèrent comme grêle chez nos marchands, de tous les pays étrangers. Heureusement que les arbres du verger étaient fées, et que, se voyant cueillis tous les jours, ils se mirent bravement à produire dix fois plus de pommes qu'auparavant; mais cela ne suffisait pas encore. Tous ceux qui avaient une fois mangé de ces fruits délicieux en redemandaient à grands cris, et vous pensez bien qu'il n'était plus question d'âne ni de hotte. On ne rencontrait plus sur les routes que voitures de pommes qui partaient, à grandes journées, jusque pour les régions les plus lointaines. Voyant cela, les garçons doublèrent leur prix; ils le triplèrent; ils le quadruplèrent : rien

n'y faisait. Notez bien que leurs pommes n'é-
taient pas meilleures qu'auparavant ; mais la renommée s'y était mise, et si plus tard vous faites
jamais du commerce, vous saurez ce que c'est
que la renommée pour les choses qui se vendent. Le prix des pommes à la mode monta si
haut que bientôt les rois et les chanteurs d'opéra
auraient été les seuls à pouvoir en manger, si la
marraine des deux marchands n'y avait mis le
holà. Elle déclara très-sèchement que le verger
leur avait été donné à l'intention surtout des
petits enfants, et menaça de le frapper de sté-
rilité si l'on s'avisait de vendre trop cher ce qui
ne coûtait rien que la peine de cueillir à l'arbre.
Ils se résignèrent donc à gagner moins ; mais ils
avaient beau jeu : leur fortune était faite.

Je parierais bien que vous ne vous doutez
guère où je veux en venir avec toutes ces histoires de ventes à l'étranger. Voici l'affaire.

Dans ce temps-là, et c'est encore un peu

comme cela à présent, mais bien moins, chaque petit pays, grand comme la main, avait ses mesures, ses poids, ses monnaies à lui, qui n'avaient aucun rapport avec les mesures, les poids, les monnaies des autres pays. Il y avait des jours où les malheureux garçons ne savaient plus où donner de la tête à cause de cela.

Tantôt on voulait avoir leurs pommes au poids; et les uns, c'étaient des Russes, demandaient des *pouds* qui valaient 32 de nos livres actuelles, et quelque chose avec; les autres, c'étaient des Anglais, demandaient des *livres avoir-du-poids,* je ne change rien au nom, qui valaient 453 grammes, et un peu plus d'un demi-gramme.

Tantôt on les voulait à la mesure; et les uns, c'étaient des Suisses, demandaient des *malters* qui valaient 150 litres; les autres ou bien des *scheffels* qui valaient 52 litres à un rien près, ou bien des *metze* qui valaient 61 litres et demi, ou bien des *sesters* qui valaient 15 litres, et toutes sortes d'autres mesures : ceux-là étaient des Allemands. Les Français demandaient des boisseaux ; mais, à cette époque-là, ils avaient autant de boisseaux que de villages, de sorte que c'était à ne plus s'y reconnaître.

S'agissait-il de payer ? c'était une bien autre affaire.

Alors arrivaient :

La *livre sterling* d'Angleterre, qui valait 25 francs 20 centimes ;

Le *thaler* prussien, qui valait 3 francs 71 centimes, plus 2 dixièmes de centime ;

Le *florin* autrichien, qui valait 2 francs 60 centimes, en forçant un peu, et le *florin du Rhin*, qui valait 2 francs 12 centimes, en diminuant quelque chose ;

Les deux *roubles* russes, le *rouble argent*, qui valait 4 francs, et le *rouble papier*, qui n'en valait qu'un ;

Le *dollar* américain, qui valait 5 francs 34 centimes, et un peu plus d'un demi-centime;

La *piastre* espagnole, qui valait 5 francs 26 centimes, moins 2 dixièmes de centime; j'entends la nouvelle piastre, car il y avait encore l'ancienne piastre qui valait 5 francs 49 centimes, et une autre ancienne piastre qui valait 6 centimes de moins.

Voilà beaucoup de monnaies, n'est-ce pas? Eh bien! remerciez-moi de toutes celles que j'ai passées.

Et, pour mieux compliquer la besogne des infortunés marchands de pommes, on avait imaginé, afin de faire gagner un peu ceux qui maniaient l'argent, une invention très-jolie qui s'appelait *le change*, et en vertu de laquelle la livre sterling, par exemple, valait un jour 25 francs 20 centimes, le lendemain 25 francs 25 centimes, le surlendemain 25 francs 15 centimes; et de même pour les thalers, les florins, es piastres, les dollars : le tout au choix de ces messieurs.

Vous concevez combien c'était amusant pour nos petits négociants quand il fallait faire là-dessus leur compte de tocars, et combiner tout cela avec les malters, les pouds et les scheffels. Plus d'une fois, Pinchinette fut obligée de venir à leur secours; mais elle y perdait aussi son latin, elle qui le savait si bien, et bien souvent sa pauvre petite tête n'en pouvait plus.

— Pinchinette, lui dit un jour Ramasse-Tout, qui la regardait d'un œil attendri recommencer pour la troisième fois un compte allemand de deux pages, où les scheffels s'entortillaient avec les thalers, et les sesters avec les deux florins; Pinchinette, chère petite sœur, est-ce que tu ne pourrais pas imaginer des monnaies, des poids et des mesures qui soient les mêmes pour tous les pays du monde? Voilà qui vaut la peine qu'on s'en occupe! Ce serait un fier service que tu rendrais à tous les hommes!

— Oh! je voudrais bien, répondit la bonne petite fille; mais c'est trop fort pour moi. Où veux-tu que j'aille chercher cela?

— Attends, il me vient une idée. Le jour où tu as trouvé les fractions dans la salle du trône, j'étais là ne sachant quoi faire, et je regardais le pied du roi. Sais-tu qu'il a un bien beau pied, plus long que tous ceux que j'aie jamais vus! Si on le prenait pour mesurer en long, et qu'on parte de là pour arranger le reste?

— Eh! mon pauvre Ramasse-Tout, les autres pays n'en voudront pas. Chacun dira que c'est son roi qui a le plus beau pied.

— C'est juste. Le pied du roi d'ici n'a pas son pareil, j'en suis parfaitement sûr; mais si on l'imposait aux autres peuples, cela pourrait bien les humilier.

— Partageur était tout oreilles à cette conversation, et vous allez bien vite comprendre pourquoi. Avec sa rage de tripoter les pommes, il s'était empressé dans les commencements de leur vogue de s'offrir pour faire le service des envois étrangers, et il sentait bien qu'il finirait par en devenir fou. Que de fois n'avait-il pas envoyé des malters pour des sesters, et des pouds pour autre chose! C'étaient alors des plaintes infinies. Parfois on renvoyait la marchandise, et cela faisait de gros frais. Il aurait bien donné la moitié de ses bénéfices pour être délivré de tous ces ennuis. Tout à coup il eut une inspiration.

— Est-ce qu'il n'y aurait pas moyen, dit-il, de trouver quelque chose de commun à tous les hommes qui n'appartînt pas davantage à un pays qu'à l'autre? De cette façon-là, personne ne serait humilié.

— Eh! bien sûr, s'écria Pinchinette, c'est là ce qu'il faudrait faire; mais comment venir à bout de trouver une chose qu'on puisse tenir dans les mains, et qui n'appartienne à aucun pays? Pour le coup, j'ai beau chercher, je donne ma langue au chat.

— Écoutez, reprit-elle, nous perdons notre temps à nous occuper d'une chose qui est au-dessus de nos forces. Allons trouver notre marraine qui sait tout : elle nous dira bien ce que l'on peut faire. Tant pis pour l'Allemand, il attendra. Cela lui apprendra à être si embrouillé.

Ils se prirent tous les trois par la main, et commencèrent à courir sur le chemin qui conduisait chez leur marraine.

La bonne fée se mit à rire en les voyant entrer tout essoufflés, car elle savait déjà ce qui les amenait.

— Ce que vous venez me demander, mes chers enfants, leur dit-elle, est impossible à l'heure qu'il est. Les hommes attendront encore bien longtemps avant de jouir d'un bienfait aussi précieux. Mais si vous me promettez de n'en rien dire à personne, pour ne pas faire de jaloux, je vais vous apprendre d'avance comment cela s'arrangera quand le moment sera venu.

Il arrivera une époque où, grâce aux efforts mille fois répétés de tous ceux qui auront passé sur la terre, et tu y seras aussi pour ta bonne part, ma petite Pinchinette, il arrivera donc une époque où la science des hommes leur permettra des entreprises dont vous ne sauriez vous faire aucune idée dans ce moment. Ils pèseront le soleil et la lune; ils mesureront la distance qui nous en sépare, et vous pouvez vous figurer sans peine qu'ils ne seront pas bien embarrassés après cela pour mesurer cette grosse boule qui s'appelle la terre, sans plus de façons que vous en mettriez à mesurer une de vos pommes en l'entourant d'un cordon.

Il se rencontrera alors un peuple dont il y aura peut-être bien des choses à dire qui ne seront pas toutes à son avantage; mais il y en aura une du moins qui le rendra plus grand par un côté que tous les autres. Il s'occupera moins de lui-même que de tout le monde, c'est-à-dire moins de ses intérêts et de ses vanités personnelles que de la vérité, de la justice et du bien général. En conséquence, c'est lui qui sera choisi pour accomplir cette grande réforme, au profit de tous les hommes.

Tenez, nous allons la supposer faite, pour un instant. Il me sera plus facile ainsi de vous l'expliquer.

Voyez-vous ce petit globe que je viens de tracer? C'est la terre. C'est bien là assurément quelque chose de commun à tous les hommes. Aucune nation, si orgueilleuse qu'on la prenne, aucune nation ne peut dire que c'est à elle, et la mesure qu'on parviendrait à lui emprunter, tous ses habitants pourraient bien l'accepter, sans se sentir humiliés. Eh bien! faites attention à ce qui va suivre.

Ayant la mesure d'une de vos pommes, il vous serait bien facile de trouver la longueur du cordon qui serait nécessaire pour l'entourer. Ayant la mesure de la terre, il n'a pas été plus difficile de trouver la longueur de la ligne qui pourrait l'entourer.

Naturellement, cette longueur-là né pouvait pas servir à mesurer la taille des petites filles, ni ce qu'il faut d'étoffe pour leur faire une robe. Qu'a-t-on imaginé? On a pris sa 40 millionième partie.

— Comment dis-tu, marraine ? s'écrièrent les trois enfants à la fois.

— Je dis sa 40 millionième partie. Vous pouvez bien vous représenter ce que c'est qu'un million : c'est mille fois mille, un gros nombre, n'est-ce pas ? Eh bien ! prenez-le 40 fois, vous aurez le nombre de parties imaginé pour diviser cette ligne gigantesque qui ferait le tour de la terre en passant par ses deux pôles. Une de ces parties était donc 40 millions de fois plus petite, et l'on pouvait s'en servir assez commodément pour mesurer.

C'est là ce qu'on est convenu d'adopter pour mesure universelle, pouvant servir à tous les hommes ; et, de peur de laisser prise par quelque bout à la jalousie, on n'a même pas voulu lui donner un nom pris dans la langue du peuple chez qui se faisait ce grand travail, on l'a appelé

MÈTRE,

d'un mot emprunté à une langue des anciens

temps, la langue grecque, et signifiant *mesure*.

Le *mètre*, c'était donc la *mesure*, la mesure par excellence, celle qui devait servir à trouver toutes les autres.

Et, d'abord, il fallait penser aux cas où l'on aurait besoin soit de la multiplier, soit de la diviser, c'est-à-dire de mesurer des longueurs plus grandes ou plus petites que la sienne.

On s'est servi ce jour-là de ce que tu as trouvé, Pinchinette. On est allé, comme toi, toujours de dix en dix, en multipliant le mètre comme en le divisant, et l'on a fait d'abord des mesures de 10 mètres, de 100 mètres, de 1,000 mètres, de 10,000 mètres, puis des mesures d'un dixième, d'un centième, d'un millième de mètre. Au delà d'un millième, c'était bien petit. On a trouvé qu'on pouvait s'en passer.

Vous êtes peut-être curieux de savoir quels noms l'on a donné à ces nouvelles mesures. Je vais vous le dire.

Toujours pour n'humilier personne, on est allé chercher ces noms hors de la langue du peuple qui s'était mis en avant, et l'on a pris d'abord à celle qui avait déjà fourni le mètre ceux de ses mots qui signifiaient : dix, cent, mille, dix mille. On les a conservés tels quels, y touchant à peine, et plaçant *mètre* au bout, et l'on a eu :

Déca	mètre,	10 mètres.
Hecto	mètre,	100 mètres.
Kilo	mètre,	1.000 mètres.
Myria	mètre,	10.000 mètres.

Voilà pour les grandes mesures. Pour les petites, on ne pouvait plus se servir des mêmes mots, qui auraient fait confusion, et l'on est revenu au latin de Pinchinette, qui a donné aussi ses mots de dix, cent, mille. L'on a eu de la sorte :

Déci   mètre,   dixième de mètre.

Centi   mètre,   centième de mètre.
Milli   mètre,   millième de mètre.

Rappelez-vous, mes enfants, le mal que vous avez tous les jours avec ces florins de 60 *kreutzers*, dont chacun vaut 4 *pfennings*, comme vous avez pu le voir dans vos écritures; avec ces thalers de 30 *silber-groschen*, dont chacun vaut 12 *pfennings*; ces livres sterling de 20 *schillings*, dont chacun vaut 12 *pences*; ces pouds de 40 *livres*, dont chacune vaut 32 *loths*. Rappelez-vous tous ces nombres biscornus dont aucun ne ressemble à l'autre, et qui s'en vont boitant à la file comme les marches d'un escalier dont les unes auraient six pieds, et les autres six pouces; rappelle-toi, ma pauvre Pinchinette, tout ce tas de multiplications et de divisions que tu avais à faire tout à l'heure pour sortir du compte dont tu n'es pas sortie, et dites-moi, à vous trois, si ce n'est pas là quelque chose de bien préférable, allant régulièrement du commencement à la fin, sans qu'on ait rien à faire qu'à placer les chiffres les uns sous les autres, chacun à son rang!

— Dis donc, marraine, s'écria Partageur qui se laissait gagner à l'éloquente indignation de la bonne fée contre les nombres biscornus, dis donc, marraine, comme ce serait commode de faire une addition, si Pinchinette avait dit qu'il faudrait 60 unités pour faire une dizaine, 4 dizaines pour faire une centaine, 30 centaines pour faire un mille, et 12 mille pour faire une dizaine de mille!

Là-dessus les voilà partis tous d'un grand éclat de rire. Il n'y a rien qui fasse rire comme l'idée d'une absurdité dont on n'a pas l'habitude; et voyez comme les hommes sont drôlement faits : les absurdités dont ils ont l'habitude, ils se fâchent quand on en rit.

— Maintenant, chère marraine, dit Pinchi-

nette quand le calme se fut un peu rétabli, dis-
nous, je t'en prie, comment du mètre
on est arrivé aux autres mesures. Je
suis vraiment curieuse de savoir par
quel moyen nous pourrions venir à
bout de mesurer ou de peser nos
pommes, en nous servant de cette
40 millionième partie du tour de la
terre.

—Pour mesurer les pommes, prends
un vase qui ait un décimètre de haut,
un décimètre de long et un décimètre
de large.

Regarde, voilà la longueur d'un décimètre.

Tu peux bien te figurer un vase
ayant cette taille-là en tous sens. On
appelle cela un LITRE.

Un vase contenant dix litres s'appelle déca-
litre.

Un vase contenant cent litres s'appelle hectolitre, d'après la méthode employée pour le mètre.

De même, le dixième d'un litre s'appelle un décilitre, et le centième un centilitre.

Voilà à peu près les seules mesures de ce genre-là qu'on ait jugées nécessaires ; de fait, elles peuvent suffire.

— Et pour peser les pommes ?

— C'est la même chose. Prends un tout petit vase qui ait un centimètre de haut, un centimètre de long et un centimètre de large.

Tiens, je vais t'en montrer un.

Tu vois qu'il n'est pas gros. Remplis-le exactement d'eau bien pure. Le poids de cette eau

s'appelle un GRAMME, et avec le gramme nous
allons faire tous les autres poids :

Décagramme,	10 grammes.
Hectogramme,	100 grammes.
Kilogramme,	1.000 grammes.
Myriagramme,	10.000 grammes.

—

Décigramme,	dixième de gramme.
Centigramme,	centième de gramme.
Milligramme,	millième de gramme.

Trouves-tu que cela soit assez simple ?

— Mon Dieu ! c'est simple comme bonjour.
Mais les monnaies ! ce n'est pas facile de tailler
une pièce de monnaie dans la 40 millionième...

— Ne va pas si vite. Le gramme vient du
mètre, n'est-ce pas ? C'est son fils. Eh bien ! la

monnaie vient du gramme. C'est la petite-fille du mètre.

5 grammes d'argent font un FRANC.

Celui-là n'a pas tant de camarades. Il est seul et unique de son espèce, et se compte comme n'importe quoi : dix francs, cent francs, mille francs, et comme cela indéfiniment, tant que tu pourras en avoir.

Ses divisions ont pourtant reçu des noms ; mais ils échappent à la règle générale d'après laquelle le dixième du franc aurait dû s'appeler *décifranc*, le centième *centifranc*. On dit : un décime, un centime.

Voyez-vous, mes enfants, on a beau faire des systèmes bien savants, il s'y glisse toujours des exceptions pour l'argent.

— Qu'est-ce que cela, marraine, un système ? s'écria Ramasse-Tout que le mot avait effarouché.

— Un système ! mon cher petit. J'ai bien

peur que tu ne comprennes pas tout de suite ;
mais enfin, voilà ce que c'est : c'est un ensemble de choses qui servent toutes à un usage
commun, et qui se rattachent toutes à un centre
commun. Les diverses combinaisons, par exemple, que je viens de vous expliquer, servent
toutes à un même usage, à mesurer, et se rattachent toutes au mètre, qui en est comme le
point central. On a nommé leur ensemble :

SYSTÈME MÉTRIQUE.

Voilà, j'espère, un nom que vous n'oublierez
plus maintenant.

Eh ! mon Dieu ! fit la fée en se reprenant vivement, qu'est-ce que je dis là ? Ces pauvres enfants, garder le système métrique dans leur
mémoire ! C'est impossible, son moment n'est
pas arrivé. Il faut, au contraire, que je souffle
là-dessus pour qu'ils ne puissent en parler à

personne. Je ne puis pas déranger pour eux l'ordre des temps.

— Oh! marraine, je t'en supplie, avant de souffler dessus, dis-moi du système métrique une chose qui m'intéresse on ne peut plus.

— Et laquelle, mademoiselle?

— Quand arrivera le moment du système métrique, ce sera une bien grande joie sur la terre, n'est-ce pas? Tous les peuples ne feront-ils pas des fêtes, et ne donneront-ils pas des récompenses à celui d'entre eux qui leur en aura fait cadeau, comme le roi d'ici voulait m'en donner à moi pour avoir fait cadeau de l'arithmétique à son peuple? Est-ce qu'ils ne jetteront pas tous bien loin leurs anciennes mesures pour prendre les nouvelles à l'instant même?

— Tu as trop d'esprit, ma pauvre Pinchinette, et tu es trop bonne pour bien connaître les hommes.

Comme première récompense du cadeau, les

voisins du peuple en question commenceront par essayer de l'exterminer, pour le punir et de cette réforme-là et de bien d'autres, plus importantes encore, dont nous n'avons pas à nous occuper.

Mais ce n'est rien encore auprès de ce qui me reste à t'apprendre. Soixante-dix ans passés après l'adoption du MÈTRE, en séance solennelle, des peuples qui se diront les premiers du monde ne voudront pas encore en entendre parler, et continueront de se traîner dans les malters, les pouds, les livres sterling et les silber-groschen.

Pinchinette se mit à pleurer.

— Ah! marraine, si cela doit aller ainsi, souffle bien vite, afin que je n'en sache plus rien.

La fée souffla sur elle, puis sur ses frères qu'elle congédia tout doucement, car c'était déjà l'heure où elle avait l'habitude de travailler avec Pinchinette dans le jardin.

— Allez, chers petits, leur dit-elle; pour satisfaire votre curiosité, je vous ai levé un coin du voile qui vous cache de bien belles choses; mais celles-ci ne sont pas encore de votre temps. Allez vendre vos pommes, et n'y pensez plus. Ces choses-là viendront à leur jour.

Partageur et Ramasse-Tout s'en retournèrent
vendre leurs pommes. Ils devinrent de grands
calculateurs que rien n'embarrassait, et qui ne
s'embarrassaient aussi de rien, comme il arrive
malheureusement quand on veut trop calculer.
Ayant oublié les bonnes mesures, ils se conso-
lèrent des mauvaises en gagnant beaucoup d'argent. Ils en gagnèrent tant qu'ils finirent, après
bien des années, par se bâtir un beau palais où
ils étaient bien moins à leur aise que dans la
petite cabane qui les avait vus naître et gran-
dir; et ils ne laissaient pas d'être assez fiers de
ce palais, bien que ceux qui les avaient connus
petits, du temps de l'âne et de la hotte, l'eussent

surnommé le *palais des pommes*, pour se moquer d'eux. Pour dire vrai, ils y avaient mis des
tableaux d'un grand prix qui n'en avaient aucun
pour eux, parce qu'ils n'y entendaient rien, des
meubles si beaux qu'ils n'osaient pas s'en servir, et une bibliothèque digne d'un prince, dont
ils n'ouvraient jamais les livres. Mais tout cela
ne les empêcha pas de mourir, comme ils auraient fait dans la petite cabane, un peu plus
tôt peut-être, voilà tout; et on les eut à peine
enterrés qu'il n'était plus question d'eux. Ils
savaient pourtant bien l'arithmétique, à laquelle
ils devaient leur fortune; mais ils avaient trop
oublié que si l'arithmétique est une belle science,
il y en a d'autres, et que, si c'est une bonne
chose de gagner de l'argent, cela ne suffit pas
dans la vie.

Quant à Pinchinette, je voudrais bien pouvoir
vous dire qu'elle épousa le prince Oscar, quand
ils eurent grandi tous les deux; mais je ne sau-

rais, car il n'en fut rien. Sa marraine se contenta de lui faire épouser un petit homme bien gentil, qui l'aimait de tout son cœur, qui gagnait honorablement sa vie, et qui la rendit la plus heureuse des femmes. Elle eut de jolis enfants qui lui donnèrent toute la satisfaction qu'une mère pouvait désirer, parce qu'elle leur avait appris de bonne heure à être courageux au travail, à se rendre compte de tout, et à penser aux autres en toute occasion. Les égoïstes ont beau dire, c'est encore là le meilleur des calculs, et ce qui a été fait pour les autres l'emporte toujours sur ce que l'on a fait pour soi.

C'est pour cela que notre système métrique finira forcément par avoir le dessus sur toutes les mesures qu'on voudrait conserver ailleurs; et ceux qui l'accepteront les derniers en seront bien honteux plus tard. Et dès à présent les entêtés qui s'obstinent devraient bien tous rougir d'avoir fait pleurer Pinchinette.

LE DÉPART DU GRAND-PAPA.

— Voilà, mes chers enfants, l'histoire de mes deux petits marchands de pommes et de leur bonne petite sœur Pinchinette. Qu'est-ce que vous en dites?

— Elle est quelquefois bien amusante, grand-papa; mais il y a des endroits où elle ne l'est pas beaucoup.

— C'est cela! Mettez à ces petits monstres-là de la confiture sur le pain qui doit les nourrir, pour le leur faire mieux manger, ils voudront

lécher la confiture et laisser le pain. Eh bien !
allez chercher ailleurs un autre grand-papa qui
s'amuse à vous faire des histoires pour vous
apprendre l'arithmétique : vous verrez si vous
en trouverez beaucoup.

— Voyons, ne te fâche pas, cher petit grand-
papa. Nous avons bien écouté tout le temps ;
mais nous n'avons pas pu toujours suivre. Tu
comprends, là où il y avait des chiffres, ce
n'était pas trop facile.

— Que l'on me dise cela, je veux bien. C'est
que, voyez-vous, cette histoire-là n'est pas
comme les autres. Ce n'est pas seulement une
histoire pour s'amuser : c'est un cours d'arithmétique. Il ne faut pas lire dedans droit devant
soi, comme dans un conte de fées. Cela doit
s'étudier chapitre par chapitre, comme on étu-
die une leçon. Je vais vous laisser mon histoire :
vous regarderez entre vous là où vous n'avez
pas bien compris.

— Mais, si c'est un cours d'arithmétique, il me semble que tout n'y est pas. Le maître nous a dit bien plus de choses que ça; et dans les mesures du système métrique, je ne me rappelle pas bien, mais je suis tout à fait sûr qu'il y en a dont tu n'as pas parlé.

— C'est que je n'ai pas voulu non plus que mon histoire pût vous tenir lieu du maître et de son livre. Je sais bien que je n'ai pas tout dit. Il n'y avait plus moyen de faire une histoire si je n'avais rien passé; ou bien elle aurait été si longue qu'elle vous aurait tous endormis. Tâchez seulement de bien comprendre tout ce que j'ai dit, et vous verrez comme vous apprendrez facilement le reste, et comme vous pourrez répondre ensuite en personnes raisonnables, au lieu de barbouiller des mots en vrais petits perroquets. Là-dessus je vous laisse, car je commence à être comme Pinchinette à la fin de sa première leçon. Je me sens tout fatigué.

— Écoute un peu avant de t'en aller. Ce n'est que le commencement de l'arithmétique que nous avons eu là. Il y a encore toutes sortes d'autres règles dans la seconde moitié du livre; est-ce que tu pourrais aussi nous faire une histoire où tu les mettrais?

— Vous êtes trop petits maintenant; vous n'en avez pas besoin, et cela vous fatiguerait pour rien. Si vous profitez bien de celle-ci, et que j'aie de bonnes nouvelles de vous, je ne dis pas que, l'année prochaine, je n'essayerai pas de vous raconter le reste dans une autre histoire. Adieu. Travaillez bien.

— Merci, grand-papa. Nous allons bien apprendre.

FIN.

TABLE DES MATIÈRES.

	Pages.
Avertissement de l'éditeur.	1
Préface	9
L'arrivée du grand-papa.	15

HISTOIRE

DE DEUX PETITS MARCHANDS DE POMMES.

Ch. i. La numération.	19
ii. Suite de la numération.	37
iii. L'addition.	49
iv. La soustraction	57
v. La multiplication	69
vi. Suite de la multiplication.	81
vii. La division	91

		Pages
Cʜ. vɪɪɪ.	Retour sur la multiplication et la division	105
ɪx.	Origine des fractions	113
x.	Les fractions décimales	127
xɪ.	Les fractions ordinaires	143
xɪɪ.	Le système métrique	161
	Le départ du grand-papa	191

1349 — Paris, imp. Laloux fils et Guillot 7, rue des Canettes.

SEUL JOURNAL COURONNÉ
PAR L'ACADÉMIE FRANÇAISE

28 vol. MAGASIN ILLUSTRÉ 28 vol.

ET

DE RÉCRÉATION

DÉPARTEMENTS	Journal de toute la famille	PARIS
16 fr.	—	**14 fr.**

Encyclopédie morale de l'Enfance et de la Jeunesse

PUBLIÉ PAR

JEAN MACÉ — P.-J. STAHL — JULES VERNE

AVEC LE CONCOURS DES ÉCRIVAINS, SAVANTS ET ARTISTES LES PLUS RÉPUTÉS

Il paraît une livraison de 32 pages tous les quinze jours, depuis le
20 mars 1864; soit un beau volume album tous les six mois.

*Les 28 volumes parus contiennent 45 grands ouvrages,
650 contes et articles divers, et environ 3,300 gravures de nos
premiers artistes.*

ABONNEMENT ANNUEL

Paris : 14 fr. — Départements : 16 fr.

UNION POSTALE : 17 FR.

Les abonnements partent du 1er janvier ou du 1er juillet
de chaque année.

Volume br., 7 fr.; cart. toile, tr. dor., 10 fr.; rel., tr. dor., 12 fr.

COLLECTION COMPLÈTE : 28 VOLUMES

Brochés : **196** fr.; cart. toile, tr. dor. : **280** fr.; reliés, tr. dor. : **336** fr.

Les tomes I à X forment une série complète.

COLLECTION COMPLÈTE

DES TRENTE VOLUMES DU

MAGASIN D'ÉDUCATION

ET DE RÉCRÉATION

PUBLIÉ SOUS LA DIRECTION DE

MM. JEAN MACÉ — P.-J. STAHL — JULES VERNE

Prix : **200** francs

Payables en 8 termes de 25 francs à répartir en deux ans

Les vingt-huit volumes illustrés parus du *Magasin d'Éducation et de Récréation* constituent à eux seuls toute une bibliothèque de l'enfance et de la jeunesse. L'examen du catalogue général du *Magasin*, que nous tenons toujours à la disposition des parents, leur montrera que les œuvres principales, et pour ainsi dire complètes, de JULES VERNE, de P.-J. STAHL, de JULES SANDEAU, de E. LEGOUVÉ, d'EGGER, de J. MACÉ, de L. BIART et de bien d'autres ; que les plus heureuses séries de dessins de Frœlich, Froment et d'un grand nombre d'artistes éminents, écrites ou dessinées avec un soin scrupuleux, à l'usage spécial de la jeunesse et de la famille, sont contenues dans les vingt-huit volumes déjà parus.

Cette collection grand in-8° représente par le fait la matière de plus de cent volumes in-18 ordinaires. Elle est en outre illustrée de plus de trois mille dessins, créés expressément pour le *Magasin d'Éducation*.

Le *Magasin d'Éducation* s'est tenu avec soin en dehors de ce qu'on appelle l'actualité, dont l'intérêt passe et vieillit, pour ne laisser entre les mains de ses lecteurs que des œuvres d'un intérêt durable et permanent. Les premiers volumes, à ce titre, présentent donc un intérêt égal aux derniers, et offrir aux enfants les premières années, s'ils ne les connaissent pas, leur assure des lectures aussi agréables que si on leur donnait les dernières.

MODE D'ACQUISITION — PAYEMENT

Les Éditeurs du **Magasin d'Éducation,** sur la demande d'un grand nombre de pères de famille et pour rendre accessible à tous l'acquisition de cette œuvre déjà considérable, accepteront dès acheteurs offrant des garanties de responsabilité, des payements à termes à répartir sur deux années, pour le montant du prix de cette collection jusqu'à fin 1878, et pour l'abonnement à l'année 1879 : soit ensemble 30 volumes, dont deux restent à paraître.

Le prix sera réduit, dans ces conditions à la somme ronde de 200 francs.

Les acquéreurs auront à souscrire à l'ordre de MM. J. HETZEL et Cie huit bons de 25 francs, à trois mois d'échéance l'un de l'autre, de façon que la somme totale de 200 francs soit payée en deux années.

La livraison des quatorze années et de la quittance d'abonnement de l'année 1879 sera faite contre l'échange des huit mandats de 25 francs.

Les acheteurs qui voudraient avoir la collection des 28 premiers volumes cartonnés toile anglaise, tranches dorées, avec fers spéciaux, au lieu de la recevoir brochée, auraient à souscrire trois mandats supplémentaires : deux de 25 francs et un de 31 francs, dont les échéances suivraient celles des huit premiers — soit 81 francs au lieu de 84 francs, — le prix du cartonnage de chaque volume étant de 3 francs. Ils payeraient à part le cartonnage des 29° et 30° volumes à mesure qu'ils paraîtront.

PRIX DE CHAQUE VOLUME SÉPARÉ : BROCHÉ, **7** FR.

RELIÉ TOILE, **10** FR.

CAHIERS

D'UNE ÉLÈVE DE SAINT-DENIS

Cours complet et gradué d'Éducation

POUR LES FILLES ET POUR LES GARÇONS

A suivre en six années

Soit dans la Pension, soit dans la Famille

PAR DEUX ANCIENNES ÉLÈVES DE LA MAISON DE LA LÉGION D'HONNEUR

ET PAR

LOUIS BAUDE, ancien professeur au Collége Stanislas.

17 Volumes in-18. — Brochés, **57 fr.**; cartonnés, **61 fr. 50**

Chaque volume se vend séparément

CAHIERS PRÉLIMINAIRES

Cours de Lecture *(1re partie)*. — Syllabaire. — Alphabet illustré. — Signes orthographiques. — Premières lectures courantes. — Contes moraux. — Maximes. — Lectures instructives. — Fêtes et solennités de l'Église pendant les quatre saisons de l'année. — Lectures récréatives. — Les jeux de l'enfance. — (Broché, 2 fr.; cart., 2 fr. 25.)

Instruction élémentaire *(2e partie)*. — Religion. — Éducation. — Instruction. — Des premiers nombres et des premiers chiffres. — Des cinq sens. — Du temps et de ses divisions. — De l'univers ou de la création. — Les quatre éléments. — Les cinq parties du monde. — Des différents noms qu'on donne à l'eau. — Phénomènes atmosphériques et souterrains. — Exercices de mémoire. — Lectures. — (Broché, 3 fr.; cart., 3 fr. 25.)

Instruction élementaire *(3e partie)*. — Religion. — Education. — Instruction. — Les trois règnes de la nature. — Minerais et métaux. — Fleurs des champs et des jardins. — Arbres et arbrisseaux. — Oiseaux, insectes, poissons, reptiles, quadrupèdes. — Connaissance élémentaire des chiffres et des nombres. — Exercices de mémoire. — Lectures récréatives. — Curiosités d'Histoire naturelle. — (Broché, 3 fr.; cart., 3 fr. 25.)

Cours d'Écriture *(4e partie)*, accompagné de gravures dans le texte et de trente-deux planches de modèles. — Notions préliminaires. — Objets et instruments nécessaires pour écrire. — Formes et variantes de l'écriture *anglaise*. — Des diverses positions et de la manière de tenir sa plume pour écrire l'*anglaise*. — Principes généraux de l'écriture *anglaise*. — Des différentes grosseurs d'écriture. — Etude des minuscules. — Etude des majuscules. — Des chiffres de l'*anglaise*. — De l'*expédiée* ou cursive *anglaise*. — Des différentes grosseurs d'*anglaise* au-dessus du *demi-fin*. — Des écritures *fortes* (bâtarde, coulée, ronde et gothique). — De l'emploi, dans l'écriture, des accents, de la ponctuation et d'autres signes se rapportant aux lettres elles-mêmes ou qui en sont dépendants. — (Broché, 5 fr.; cart., 5 fr. 50.)

Première année *(Tomes I et II)*. — Introduction. — Grammaire française. — Dictées. — Histoire sainte. — Mappemonde. — Géographie de l'histoire sainte. — Anciennes divisions de la France par provinces. — Division de la France par départements. — Table chronologique des rois de France. — Arithmétique. — Système métrique. — Lectures et exercices de mémoire. — Etymologies. — (Tome I, broché, 1 fr. 50; cart., 1 fr. 75. — Tome II, broché, 2 fr. 50; cart., 2 fr. 75.)

Deuxième année *(Tomes III et IV)*. Grammaire française. — Dictées. — Histoire sainte. — Histoire ancienne. — Ères chronologiques. — Mythologie. — Etudes préparatoires à l'Histoire de France. — Cosmographie. — Arithmétique. — Géographie de l'Asie Mineure. — Départements et arrondissements de la France. — Géographie de la France. — Lectures. — Etymologies. — (Chaque tome, broché, 2 fr. 50; cart., 2 fr. 75.)

Troisième année *(Tomes V et VI)*. — Grammaire française. — Histoire ancienne. — Histoire romaine. — Histoire de l'Eglise. — Cosmographie. — Arithmétique. — Etudes préparatoires de l'Histoire de France. — Paris et ses monuments. — Lectures. — Etymologies. — (Tome V, broché, 3 fr.; cart., 3 fr. 25. — Tome VI, broché, 3 fr. 50; cart., 3 fr. 75.)

Quatrième année *(Tomes VII et VIII)*. — Récapitulation de l'Histoire ancienne. — Histoire du moyen âge. — Histoire de l'Eglise. — Géographie de l'Europe. — France provinciale et départementale. — Histoire naturelle. — Précis de l'histoire de la langue française. — Traité de versification. — Lectures. — Etymologies. — (Chaque vol., br., 3 fr. 50; cart., 3 fr. 75.)

Cinquième année *(Tomes IX et X)*. — Histoire moderne. — Histoire de l'Eglise. — Géographie de l'Amérique et de l'Océanie. — Curiosités historiques. — Botanique. — Zoologie. — Principales inventions et découvertes. — Lectures. — Etymologies.— (Tome IX, broché, 3 fr. 50; cart., 3 fr. 75. — Tome X, broché, 4 fr.; cart., 4 fr. 25.)

Sixième année *(Tomes XI et XII)*. — Principes de littérature. — Histoire de la littérature ancienne et française. — Introduction à la Philosophie. — Philosophie. — Table chronologique des principaux événements de l'histoire contemporaine depuis 1789. — Bibliographie. — Philologie des langues européennes. — Précis de l'histoire générale des études. — Biographie des femmes célèbres. — Notions géographiques complémentaires. — Morceaux choisis. — Etymologies. — (Chaque volume, broché, 4 fr. 50; cart., 4 fr. 75.)

Cahier complémentaire. — Considérations générales. — Histoire de l'architecture. — De la Sculpture. — De la Peinture. — Gravure. — Lithographie. — Histoire de la Musique. — Astronomie. — Archéologie. — Numismatique. — Paléographie. — Minéralogie. — Algèbre et Géométrie. — De la vapeur et de ses applications. — Télégraphie électrique. — Galvanoplastie. — De la chloroformisation. — De la photographie et de l'aérostation. — (Broché, 5 fr.; cart., 5 fr. 25.)

ÉTUDES D'APRÈS LES GRANDS MAITRES
Dessins par A. COLIN
Professeur de dessin à l'École polytechnique

ALBUM IN-FOLIO, 20 PLANCHES. — Cartonné bradel, **20** francs

Cartonné toile, tranches dorées, **22** francs

Chaque planche collée sur carton, avec texte au dos, **1 fr. 25.**

SOMMAIRE DES PLANCHES

Tête de jeune homme vue de profil (*Léonard de Vinci*). — Étude pour la figure de Bramante, qui se trouve dans la dispute du Saint-Sacrement (*Raphaël*). — Tête de jeune femme les yeux baissés (*Federigo Barocci*). — Enfant ailé assis, tenant un aigle; enfant tenant un lion ailé (*il Correggio*). — Première pensée de la figure du Christ remettant les clefs à saint Pierre (*Raphaël*). — Tête de vieillard coiffée d'une toque (*Lorenzo di Credi*). — Etude d'une tête d'enfant (*Pierre-Paul Rubens*). — Tête de vieille femme coiffée d'une draperie (*Cardi Ludovico da Cigoli*). — Etude d'après nature pour un Christ mort (*Michel-Ange Buonarroti*). — La vierge et l'enfant Jésus (*Raffaello Sanzio*). — Tête de vieillard chauve, vue de trois quarts (*Léonard de Vinci*). — Buste de jeune femme, la tête inclinée en avant (*Francesco Mazzola, dit il Parmigianino*). — Homme nu assis, vu de face jusqu'aux genoux (*il Correggio*). — Homme debout appuyé contre un mur (*Tiziano Vecelli*). — Etude pour deux figures d'apôtres (*Raffaello Sanzio*). — Etude de deux dames, dont l'une porte un petit chien (*Pierre-Paul Rubens*). — Tête de jeune homme; une couronne de chêne est mêlée à sa chevelure (*Léonard de Vinci*). — Tête d'ange, vue de trois quarts (*il Correggio*). — Christ mort (*Daniel Crespi*). — Groupe tiré de la Création de l'homme (*Michel-Ange Buonarroti*).

ATLAS COMPLÉMENTAIRE
DES CAHIERS D'UNE ÉLÈVE DE SAINT-DENIS.

Atlas classique de Géographie universelle, composé de 24 planches en plusieurs couleurs, dressées par M. DUBAIL, ex-professeur-adjoint de géographie à l'École de Saint-Cyr. — 1 volume grand in-8, cartonné bradel. Prix : 8 fr.

Les programmes d'admission aux Ecoles de l'Etat se trouvent dans les *Grandes écoles civiles et militaires de France*, par MORTIMER D'OCAGNE. — Un beau vol. in-18, 3 fr. 50. (*Voir Page 25*).

Prix — Étrennes — Bibliothèques populaires — etc.

BIBLIOTHÈQUE IN-18

3 Fr.   **4 Fr.**

Broché   Cartonné

D'ÉDUCATION & DE RÉCRÉATION

VOLUMES IN-18

Brochés, 3 fr.— Cartonnés toile, tranches dorées, 4 fr.

AMPÈRE (A.-M.)......	Journal et correspondance...	1 v.
ANDERSEN.........	Nouveaux Contes suédois...	1 v.
BERTRAND (J.)......	Les Fondateurs de l'astronomie	1 v.
BIART (Lucien).....	Avent. d'un jeune naturaliste.	1 v.
—	Entre frères et sœurs......	1 v.
BLANDY (S.)........,	Le Petit roi...........	1 v.
BOISSONNAS (Mme B.)..	Une famille pendant la guerre 1870-71 (*ouv. cour.*).....	1 v.
BRACHET (A.)......	Grammaire historique (préface de LITTRÉ) (*ouv. cour.*)..	1 v.
BRÉHAT (de)......	Aventures d'un petit Parisien.	1 v.
CANDÈZE (Dr).......	Aventures d'un Grillon....	1 v.
CARLEN (Emilie).....	Un brillant Mariage......	1 v.
CHAZEL (Prosper)....	Le Chalet des Sapins.....	1 v.
CHERVILLE (de).....	Histoire d'un trop bon Chien.	1 v.
CLÉMENT (Ch.)......	Michel-Ange, Raphaël, etc..	1 v.
DESNOYERS (Louis)...	Jean-Paul- Choppart......	1 v.
DURAND (Hip.)......	Les grands Prosateurs.....	1 v.
—	Les grands Poëtes........	1 v.
ERCKMANN-CHATRIAN.	Le Fou Yégof ou l'Invasion..	1 v.
—	Madame Thérèse.........	1 v.
—	**Histoire d'un Paysan** (COMPL.)	4 v
FOUCOU..........	Histoire du travail.......	1 v.
GRAMONT (Comte de)..	Les Vers français et leur prosodie.............	1 v.
GRATIOLET (P.).....	De la physionomie.......	1 v.
GRIMARD.........	Histoire d'une goutte de séve.	1 v.
—	Le Jardin d'acclimatation...	1 v.
HIPPEAU (Mme)......	Cours d'économie domestique.	1 v.
HUGO (Victor)......	Les Enfants (LE LIVRE DES MÈRES).............	1 v.
IMMERMANN........	La Blonde Lisbeth........	1 v.
LA FONTAINE (Jouaust).	Fables annotées par Buffon..	1 v.
LAPRADE (V. de).....	Le Livre d'un père........	1 v.

LAVALLÉE (Th.)	Histoire de la Turquie.	2
LEGOUVÉ (E.)	Les Pères et les Enfants au XIXᵉ siècle (ENFANCE ET ADOLESCENCE)	1
—	Les Pères et les Enfants au XIXᵉ siècle (LA JEUNESSE). .	1
—	Conférences parisiennes	1
LOCKROY (Mᵐᵉ)	Contes à mes Nièces	1
MACAULAY	Histoire et Critique.	1
MACÉ (Jean)	Histoire d'une Bouchée de pain.	1
—	Les Serviteurs de l'estomac . .	1
—	Contes du Petit Château. . . .	1
—	Arithmétique du Grand-Papa.	1
MALOT (Hector).	Romain Kalbris.	1
MAURY (commandant).	Géographie physique.	1
—	Le Monde où nous vivons . .	1
MULLER (Eugène). . . .	Jeunesse des Hommes célèbres	1
—	Morale en action par l'histoire	1
ORDINAIRE	Dictionnaire de mythologie. . .	1
—	Rhétorique nouvelle.	1
RATISBONNE (Louis) . .	Comédie enfantine (ouv. cour.).	1
RECLUS (Elisée)	Histoire d'un Ruisseau.	1
RENARD	Le Fond de la Mer	1
ROULIN (F.)	Histoire naturelle.	1
SANDEAU (Jules).	La Roche aux Mouettes	1
SAYOUS.	Conseils à une mère sur l'éducation littéraire	1
—	Principes de littérature.	1
SIMONIN.	Histoire de la Terre	1
STAHL (P.-J.).	Contes et récits de Morale familière (ouvr. couronné). .	1
—	Histoire d'un Ane et de deux jeunes Filles (ouvr. cour.).	1
—	La famille Chester.	1
—	Les Patins d'argent (ouv. cour.)	1
—	Mon 1ᵉʳ Voyage en mer, d'après une traduction de Thoulet.	1
—	Les Histoires de mon parrain.	1
STAHL et DE WAILLY.	Scènes de la vie des enfants en Amérique.	
—	Les Vacances de Riquet et Madeleine.	1
—	Mary Bell, William et Lafaine.	1
STAHL ET MULLER. . .	Le nouveau Robinson suisse.	1
SUSANE (général). . . .	Histoire de la Cavalerie	3

THIERS	Histoire de Law	1 v.
VALLERY RADOT (René)	Journal d'un Volontaire d'un an. (*ouvr. couronné*)	1 v.
VERNE (Jules)	**Aventures du capitaine Hatteras :**	
	— Les Anglais au pôle Nord.	1 v.
	— Le Désert de Glace	1 v.
	Les Enfants du capitaine Grant :	
	— L'Amérique du Sud	1 v.
	— L'Australie	1 v.
	— L'Océan Pacifique	1 v.
	Aventures de 3 Russes et de 3 Anglais	1 v.
	Cinq semaines en ballon	1 v.
	De la Terre à la Lune	1 v.
	Autour de la Lune	1 v.
	Histoire des grands Voyages et des grands Voyageurs	2 v.
	Le Pays des Fourrures	2 v.
	Le Tour du Monde en 80 jours	1 v.
	Vingt mille lieues sous les Mers	2 v.
	Voyage au centre de la Terre	1 v.
	Une Ville flottante	1 v.
	Le docteur Ox	1 v.
	Le Chancellor	1 v.
	L'Ile Mystérieuse :	
	— Les Naufragés de l'air	1 v.
	— L'Abandonné	1 v.
	— Le Secret de l'île	1 v.
	Michel Strogoff	2 v.
	Les Indes-Noires	1 v.
	Hector Servadac	2 v.
	Un Capitaine de 15 ans	2 v.
ZURCHER ET MARGOLLÉ	Les Tempêtes	1 v.
—	Histoire de la Navigation	1 v.
—	Le Monde sous-marin	1 v.

VOYAGES EXTRAORDINAIRES COURONNÉS PAR L'ACADÉMIE FRANÇAISE

SERIE DES VOLUMES IN-18, AVEC OU SANS GRAVURES

BROCHÉS, **3 fr. 50**. — CARTONNÉS, TR. DORÉES, **4 fr. 50**

(Suite de la Collection *Éducation et Récréation.*)

ANQUEZ	Histoire de France	1 v
AUDOYNAUD	Entretiens familiers sur la Cosmographie	1 v.
BERTRAND (Alex.)	Lettres sur les révol. du globe	1 v.
BOISSONNAS (B.)	Un Vaincu	1 v.
FARADAY (M.)	Histoire d'une Chandelle	1 v.
FRANKLIN (J.)	Vie des Animaux	6 v.

Hirtz (Mlle)	Méthode de coupe et de confection pour les vêtements de femmes et d'enfants. 154 gr. .	1 v.
Lavallée (Th.)	Les Frontières de la France (*Ouvrage couronné*) :	1 v.
Mayne-Reid.	William le Mousse.	1 v.
—	Les Jeunes Esclaves.	1 v.
—	Le Désert d'eau	1 v.
—	Les Chasseurs de Girafes . . .	1 v.
—	Les Naufragés de l'île de Bornéo	1 v.
—	La Sœur perdue.	1 v.
—	Les Planteurs de la Jamaïque.	1 v.
—	Les deux Filles du Squatter. .	1 v.
—	Les Jeunes voyageurs.	1 v.
—	Les Robinsons de Terre ferme.	1 v.
Mickiewics (Adam). .	Histoire de la Pologne	1 v.
Mortimer d'Ocagne.	Les grandes Écoles civiles et militaires de France. — Historique. — Programmes d'admission. — Régime intérieur. — Sortie, carrière ouverte.	1 v.
Nodier (Ch.).	Contes choisis.	2 v.
Parville (de).	Un Habitant de la planète Mars.	1 v.
Silva (de).	Le Livre de Maurice.	1 v.
Susane (général)	Histoire de l'Artillerie.	1 v.
Tyndall	Dans les Montagnes	1 v.

SÉRIE IN-18. — PRIX DIVERS

(Suite de la Collection *Éducation et Récréation.*)

Block (Maurice)	Petit Manuel d'économie prat.	1 fr.
A. Brachet.	Dictionnaire étymologique de la langue franç. (*ouv. cour.*).	8 fr.
Chennevières (de). . .	Aventures du petit roi saint Louis devant Bellesme. . . .	5 fr.
Clavé (J.)	Principes d'économie pol. . . .	2 fr.
Dubail.	Géogr. de l'Alsace-Lorraine.	1 fr.
Grimard (Ed.).	La Botanique à la campagne.	5 fr.
Legouvé (E.).	Petit Traité de la lecture. . .	1 fr.
Macé (Jean).	Théâtre du Petit Château. . . .	2 fr.
—	Arithmétique du Grand-Papa (édit. pop.)	1 fr.
Souviron	Dict. des termes techniques. .	6 fr.

HISTOIRE, POÉSIE, VOYAGES, ROMANS, LITTÉRATURE
FRANÇAISE ET ÉTRANGÈRE

VOLUMES IN-18 A 3 FR.

Audeval.	Les Demi-Dots	1 v.
	La Dernière	1 v.
Badin (Adolphe)	Marie Chassaing	1 v.
Bentzon (Th.).	Un Divorce	1 v.
Lucie B.	Une maman qui ne punit pas.	1 v.
—	Aventures d'Édouard et justice des choses.	1 v.
Biart (Lucien)	Le Bizco	1 v.
—	Benito Vasquez.	1 v.
—	La Terre chaude.	1 v.
—	La Terre tempérée.	1 v.
—	Pile et Face	1 v.
—	Les Clientes du Dr Bernagius.	1 v.
Bixio (Beppa).	Vie du Général Nino Bixio. Traduction de l'Italien. . . .	1 v.
Cervantes.	Don Quichotte (trad. nouvelle par Lucien Biart)	4 v.
Chamfort.	(Edition Stahl)	1 v.
Colombey	Esprit des voleurs	1 v.
Daudet (Alphonse). . .	Le Petit Chose.	1 v.
—	Lettres de mon moulin.	1 v.
Domenech (l'abbé) . . .	La Chaussée des Géants	1 v.
—	Voyages et avent. en Irlande. .	1 v.
Durande (Amédée). . .	Carl, Joseph et Horace Vernet.	1 v.
Erckmann-Chatrian.	Le Blocus	1 v.
—	Le Brigadier Frédéric	1 v.
—	Une Campagne en Kabylie. .	1 v.
—	Confidences d'un joueur de clarinette.	1 v.
—	Contes de la montagne.	1 v.
—	Contes des bords du Rhin. . .	1 v.
—	Contes populaires.	1 v.
—	Contes Vosgiens.	1 v.
—	Le Fou Yégof.	1 v.
—	La Guerre	1 v.
—	Histoire d'un Conscrit de 1813.	1 v.
—	Hist. d'un homme du peuple.	1 v.
—	Hist. d'un paysan, compl. en	4 v.
—	Histoire d'un sous-maître . . .	1 v.
—	L'illustre docteur Mathéus . .	1 v.
—	Madame Thérèse.	1 v.
—	*— Edition allemande avec les dessins hors texte, 1 v., 3 fr.*	
—	Maître Gaspard Fix.	1 v.

Erckmann-Chatrian .	La Maison forestière	1 v.
—	Maître Daniel Rock	1 v.
—	Waterloo.	1 v.
—	Histoire du plébiscite.	1 v.
—	Les Deux Frères.	1 v.
—	Souvenirs d'un ancien chef de chantier.	1 v.
—	L'ami Fritz, pièce	1 v.
—	Le Juif polonais, pièce à 1 50.	1 v.
Esquiros (Alph.) . . .	L'Angleterre et la vie anglaise.	5 v.
Favre (Jules)	Discours du bâtonnat.	1 v.
Flavio	Où mènent les chemins de traverse	1 v.
Genevray	Une Cause secrète.	1 v.
Gournot.	Essai sur la jeunesse contemporaine.	1 v.
Gozlan (Léon)	Emotions de Polydore Marasquin.	1 v.
Gramont (comte de). .	Les Gentilshommes pauvres .	1 v.
—	Les Gentilshommes riches . .	1 v.
Janin (Jules).	La Fin d'un monde. Le neveu de Rameau.	1 v.
—	Variétés littéraires.	1 v.
Lavallée (Théophile).	Jean sans Peur.	1 v.
Muller (Eugène). . . .	La Mionette.	1 v.
Morale universelle.	Esprit des Allemands	1 v.
—	— Anglais.	1 v.
—	— Espagnols.	1 v.
—	— Grecs .	1 v.
—	— Italiens .	1 v.
—	— Latins.	1 v.
—	— Orientaux.	1 v.
Olivier (Juste)	Le Batelier de Clarens.	2 v.
Pichat (Laurent)	Gaston	1 v.
—	Les Poëtes de combat .	1 v.
—	Le Secret de Polichinelle . . .	1 v.
Poujard'hieu	Les Chemins de fer	1 v.
—	La Liberté et les intérêts matériels .	1 v.
Princesse palatine. .	Lettres inédites (trad. par Roland).	1 v.
Quatrelles	Les Mille et une Nuits matrimoniales.	1 v.
—	Voyage autour du grand monde	1 v.
—	La Vie à grand orchestre. . .	1 v.
—	Sans Queue ni Tête	1 v.
—	L'Arc-en-ciel.	1 v.

RIVE (DE LA)	Souvenirs sur M. de Cavour..	1	v.
ROBERT (Adrien)	Le Nouveau Roman comique.	1	v.
ROQUEPLAN	Parisine	1	v.
SAND (George)	Promenades autour d'un village	1	v.
STAHL (P.-J.)	LES BONNES FORTUNES PARISIENNES :		
	— Les Amours d'un pierrot..	1	v.
	— Les Amours d'un notaire .	1	v.
—	Histoire d'un homme enrhumé, Voyage d'un étudiant	1	v.
—	Histoire d'un Prince et Voyage où il vous plaira.......	1	v.
TEXIER et KÆMPFEN	Paris capitale du monde ...	1	v.
TOURGUÉNEFF (J.)	Dimitri Roudine........	1	v.
—	Fumée (préface de MÉRIMÉE) .	1	v.
—	Une Nichée de gentilshommes.	1	v.
—	Nouvelles moscovites	1	v.
—	Histoires étranges........	1	v.
—	Les Eaux Printanières.....	1	v.
—	Les Reliques vivantes......	1	v.
—	Terres vierges..........	1	v.
TROCHU (Général)	Pour la vérité et pour la justice.............	1	v.
—	La politique et le siége de Paris...............	1	v.
WILKIE COLLINS	La Femme en blanc.......	2	v.
—	Sans Nom...........	2	v.
H. WOOD (Mᵐᵉ)	Lady Isabel	2	v.

LIVRES IN-18 EN COMMISSION (3 FR.)

ANONYME	Mary Briant........	1	v.
ARAGO (Étienne)	Les Bleus et les Blancs.....	2	v.
BAIGNIÈRES	Histoires modernes	1	v.
—	Histoires anciennes.......	1	v.
BASTIDE (A.)	Le Christianisme et l'esprit moderne	1	v.
BERCHÈRE	L'Isthme de Suez	1	v.
BOULLON (E.)	Chez nous...........	1	v.
BUGEAUD (Gérôme)	Jacquet-Jacques........	1	v.
CARTERON (C.)	Voyage en Algérie	1	v.
CHAUFFOUR	Les Réformateurs du XVIᵉ siècle	2	v.
DOLLFUS (Charles)	La Confession de Madeleine.	1	v.
DUVERNET	La Canne de Mᵉ Desrieux ...	1	v.
FAVIER (F.)	L'Héritage d'un misanthrope.	1	v.

Grenier	Poëmes dramatiques	1 v.
Habeneck (Ch)	Chefs-d'œuvre du théâtre espagnol	1 v.
Huet (F.)	Histoire de Bordas Dumoulin	1 v.
Langret (A.)	Les Fausses Passions	1 v.
Lavalley (Gaston)	Aurélien	1 v.
Laverdant (Désiré)	Don Juan converti	1 v.
—	Les Renaissances de don Juan	2 v.
Lefèvre (André)	La Flûte de Pan	1 v.
—	La Lyre intime	1 v.
—	Les Bucoliques de Virgile	1 v.
Lesaack (Dr)	Les Eaux de Spa	1 v.
Nagrien (X.)	Prodigieuse Découverte	1 v.
Réal (Antony)	Les Atomes	1 v.
Simonin (Louis)	Les Pays lointains	1 v.
Steel	Haôma	1 v.
Vallory (Mme)	A l'aventure en Algérie	1 v.
Worms de Romilly	Horace (traduction)	1 v.

LIVRES EN COMMISSION

Prix divers

Anonyme	Le Prisme de l'âme	6 fr.
—	Rome	6 fr.
Laverdant (Désiré)	Appel aux artistes	1 fr.
Paultre (E.)	Capharnaüm	6 fr.
Pirmez	Jours de solitude, 1 vol. in-8	6 fr.
Raynald	Histoire de la Restauration	5 fr.
Rive (de la)	Souvenir de M. de Cavour	6 fr.
Anonyme	Mademoiselle Segeste	2 fr.
Antully (Albéric d')	Fantaisie	2 fr.
Bruière (S.)	Une Saison en Allemagne	1 fr.
Guimet (Émile)	Croquis égyptiens	3 50
—	L'Orient d'Europe au fusain, in-18	2 fr.
—	Esquisses scandinaves, 1 vol. in-18	3 fr.
—	Aquarelles africaines	2 50
Schnéegans (A.)	Contes. 1 vol. in-18	2 fr.

VOLUMES IN-18 A PRIX DIVERS

ARAGO (E)..........	L'Hôtel de Ville et le Gouvernement du 4 septbre 1870-71.	3 50
L. AUBERT.........	Lettres sur l'instruct. oblig..	» 50
BERTHET (André)....	Mes Lunes *(Boutades d'un sceptique)*	2 »
CHARRAS (Colonel)....	Histoire de la Guerre de 1815. 2 vol. in-18, avec atlas ...	7 »
CHEVREUX (Mᵐᵉ).....	André Marie et J.-J. Ampère. 2 vol. à 3 fr. 50........	7 »
A. DECOURCELLE	Les Formules du docteur Grégoire *(Diction. du Figaro)*.	2 »
ERCKMANN-CHATRIAN..	Le Juif polonais, pièce en 3 actes	1 50
—	Lettre d'un électeur à son député	» 50
J. HETZEL	Aux députés, sur la reprise des échéances.........	» 50
HUGO (Victor)......	Les Châtiments. 1 vol. in-18..	2 »
—	Napoléon le Petit. 1 vol. in-18.	2 »
LEGOUVÉ (E.).......	L'alimentation morale pendant le siége.........	» 25
—	Les deux misères........	» 25
—	Les épaves du naufrage....	» 50
—	Samson et ses Elèves.......	2 »
—	Lamartine...............	1 50
—	L'Art de la lecture.......	2 »
MACÉ (Jean)........	Morale en action	1 fr.
—	Lettres d'un paysan d'Alsace sur l'instruction obligatoire.	» 30
—	Le génie et la pov. viile.1v.in-32.	» 25
—	Anniv. de Waterloo. 1 v. in-32.	» 15
—	Une carte de France; le Gulf-Stream. 1 vol. in-32.	» 25
—	La Ligue de l'enseig.,nᵒˢ 1 à 4, à	» 25
MERSON (Olivier)....	Ingres, sa Vie et ses Œuvres, avec sa photographie, 1 vol. in-32	1 50
NADAR	Le Droit au vol	1 »
PROUDHON.........	La Guerre et la Paix. 2 vol.	2 »
QUATRELLES........	Une date fatale..........	1 »
STAHL (P.-J.).......	Entre bourgeois.........	» 50
SUSANE (Général)....	L'artillerie avant et depuis la guerre.............	» 50
VERNE (Jules)......	Neveu d'Amérique, comédie en 3 actes...........	1 50
VIOLLET-LE-DUC....	Exposé des faits relatifs au Musée de Pierrefonds....	» 50

VOLUMES IN-8° A PRIX DIVERS

ABOUT (Edmond). . . .	Rome contemporaine	5 »
—	La Question romaine.	4 »
ANONYME	Vingt mois de présidence. . .	5 »
BERTRAND (J.).	Arago et sa vie scientifique. .	1 »
—	Les Fondateurs de l'astrono-mie.	6 »
—	L'Académie et les Académi-ciens.	7 50
BLANC et ARTOM	Œuvre parlement. du comte de Cavour.	7 50
CHARRAS (Colonel) . . .	Histoire de la guerre de 1813. 1 vol. in-8.	7 50
LAFOND (Ernest)	Les Contemporains de Shakspeare :	
	Ben Jonson (2 vol.).	6 »
	Massinger —	6 »
	Beaumont et Fletcher. . . .	6 »
	Webster et Ford.	6 »
RICHELOT	Gœthé, ses Mém. et sa Vie (4 vol.) à	6 »
STRAUSS (D. F.).	Nouv. Vie de Jésus (traduite par Ch. Dollfus et A. Nefftzer), 2 vol. à	6 »
TROCHU.	L'Empire et la Défense de Paris	8 »

VOLUMES IN-32 A 1 FRANC

Cartonnés, 1 fr. 25

DE BALZAC.	Les Femmes.	1 v.
ALFRED DE MUSSET et P.-J. STAHL.	Voyage où il vous plaira, 10ᵉ édition.	1 v.
Eugène NOEL.	Vie des fleurs et des fruits . .	1 v.
P.-J STAHL.	Théorie de l'amour et de la jalousie.	1 v.

9 782014 453973